U0151346

葡萄酒品鉴

钱东晓 巢 臻 徐嘉禹 主编

内容提要

本书较为全面、系统地介绍了红葡萄酒、白葡萄酒、桃红葡萄酒以及起泡葡萄酒的品鉴方法，内容包括每类葡萄酒的品种特点、种植环境、酿造方法、陈年与熟化技巧、著名产区及其酒品特点。同时，本书还论及葡萄酒缺陷的产生机制及辨别方法。本书兼具专业性与通俗性，可为葡萄酒专业品鉴者、热爱葡萄酒的社会人士提供参考。

图书在版编目（CIP）数据

葡萄酒品鉴/钱东晓，巢臻，徐嘉禹主编. —上海：
上海交通大学出版社，2020
ISBN 978-7-313-22783-6

Ⅰ.①葡… Ⅱ.①钱… ②巢… ③徐… Ⅲ.①葡萄酒—品鉴—职业技能—鉴定—教材 Ⅳ.①TS262.6

中国版本图书馆CIP数据核字（2020）第002585号

葡萄酒品鉴
PUTAOJIU PINJIAN

主　　编：钱东晓　巢　臻　徐嘉禹
出版发行：上海交通大学出版社
地　　址：上海市番禺路951号
邮政编码：200030
电　　话：021-64071208
印　　制：上海盛通时代印刷有限公司
经　　销：全国新华书店
开　　本：710mm×1000mm　1/16
印　　张：9
字　　数：118千字
插　　页：1
版　　次：2020年1月第1版
印　　次：2020年1月第1次印刷
书　　号：ISBN 978-7-313-22783-6
定　　价：39.80元

前言 | FOREWORD

葡萄酒在我国的酿造和饮用历史较为久远。据史料记载，葡萄藤及葡萄酒酿造技术最早是由西汉时期的张骞从中亚地区沿丝绸之路带回长安（今西安）。此举开启了我国葡萄种植和葡萄酒酿造的历史。由于气候、酿酒工艺及酒品偏好等因素影响，两千年来葡萄酒并没有真正地在全国范围内普及。葡萄酒虽在元朝曾被视为“国酒”，但更多地流行于蒙古统治者之间。随着元朝覆亡，葡萄酒一度难觅踪迹。

直到清朝末年，实业家张弼士再次从国外引进了葡萄藤，才开启了中国现代葡萄酒酿酒事业的先河。改革开放之后，葡萄酒品鉴文化在中国兴起，并日益成为一种现象级时尚文化。最近一二十年，无论是国产还是进口葡萄酒，都出现了爆发式的增长。另外，职业教育是一个社会或国家教育体系的重要组成部分，尤其在增加就业率、改善就业环境等方面起到十分重要的作用。作为一项非常必要的技能，葡萄酒品鉴应当成为当代职业教育的重要内容。

《葡萄酒品鉴》一书将葡萄酒基础理论和品酒实践相结合，可以作为葡萄酒品鉴职业技能培训的重点参考书目。本书包含红葡萄酒、白葡萄酒、桃红葡萄酒、起泡葡萄酒品鉴四个核心篇章，并且介绍了全球著名葡萄酒产区，比如波尔多（Bordeaux）、勃艮第（Bourgogne）、纳帕谷（Napa Valley）、猎人谷（Hunter Valley）、斯泰伦博斯（Stellenbosch）等。同时，本书还包含了葡萄酒的酿造工艺，葡萄酒的缺陷判断等常识性内容，系统地对葡萄酒的理论常识和品鉴进行了深入浅出的分析和阐述。

在编写过程中，我们结合中国市场的实际，增加了市场上较多见的葡萄酒品类，舍弃了一些中国市场不常见的葡萄酒款，以此提高本书在实际应用中的可借鉴性。在此，我们希望读者通过阅读本书收获实用的葡萄酒知识，在葡萄酒的世界里更好地享用美酒。同时，我们也希望本书对身处葡萄酒工作氛围或有志进入葡萄酒领域工作的朋友有一定帮助，欢迎读者对本书的任何欠妥之处不吝指正。最后，我们需要特别指出的是，本书所选用的插图多来自于www.flickr.com，pixels.com，commons.wikimedia.org，unsplash.lofter.com，pixabay.com，www.canva.cn等网站，在此谨致谢忱。

目录 | CONTENTS

绪 论

在国内葡萄酒消费市场鱼龙混杂、乱象丛生的今天，《葡萄酒品鉴》一书对葡萄酒进行了系统的介绍，帮助葡萄酒爱好者和普通消费者更好地理解葡萄酒，使其能更好地挑选、购买和品鉴葡萄酒，从而为中国葡萄酒文化的发展尽一份绵薄之力。

《葡萄酒品鉴》分为红葡萄酒、白葡萄酒、桃红葡萄酒、起泡葡萄酒品鉴四大核心章节。每个章节以介绍酿制葡萄酒的葡萄品种特征为开端，以一款酒的制作过程为主线，对酿制步骤逐一剖析。由于绝大多数中国消费者都欠缺辨别缺陷酒的能力，因此最后的章节阐述了各种葡萄酒缺陷的成因、预防与辨别方法，以及在购买后贮藏葡萄酒的方法。

在红葡萄酒品鉴部分，我们对典型的五大国际红葡萄品种及当地品种进行了介绍，又在红葡萄种植部分，对气候、土壤和葡萄园选址等环节进行了逐一分析，旨在揭示影响每款葡萄酒风味的诸多因素。无论是葡萄园的朝向和海拔，还是复杂的土壤种类和气候类型，都会对葡萄酒的风格带来不同程度的影响。

由于发酵对于葡萄酒来说至关重要，如果没有发酵带来的酒精和酚类物质，便不会有葡萄酒，所以我们在红葡萄酒酿造部分，着重撰述了有关发酵的过程，包括发酵的原理、使用的酵母、发酵的温度、时间和容器等。在此之后，我们循着葡萄酒的酿造过程这一主线，对苹果酸乳酸发酵、浸渍以及压榨进行了阐述与解释。

在红葡萄酒熟化部分，我们通过区分多种熟化容器，包括橡木桶、不锈钢罐和陶罐等的用途，以及熟化时间长短对葡萄酒的影响来厘清有关葡萄酒熟化的脉络，以此加深读者对葡萄酒熟化的理解。

此外，我们还分别对 8 个主要产酒国家，近 50 个典型产区的葡萄酒风格进行简述，使读者能对世界上典型的葡萄酒风格有所认知，并且可以对同一品种不同产区之间的风格进行比较，比如在论述西班牙产区红葡萄酒特点时，我们介绍了里奥哈（Rioja）产区红葡萄酒特点与杜罗河岸（Ribera del Duero）产区红葡萄酒特点，两个产区都使用同一品种——丹魄（Tempranillo）来酿造红葡萄酒，却因气候、海拔等因素形成截然不同的风格。比如介绍波尔多产区红葡萄酒特点时，我们对比了同一产区的不同葡萄品种——赤霞珠（Cabernet Sauvignon）和梅洛（Merlot）的风格差异。我们认为这样的对比很有意义，可以帮助读者建立一个更加立体且多元的葡萄酒风格系统。

最后，我们需要特别说明的是，加强酒虽然是重要的葡萄酒品类，但在国内市场较为少见，因此未纳入本书的编写范围。

第 1 章 红葡萄酒品鉴

1.1　红葡萄的品种特征

1.1.1　赤霞珠的品种特征

赤霞珠（见图 1-1）是目前世界上种植国家最多的红葡萄品种，果皮较厚，颜色较深，需要较多的热量才可以成熟，所以只有在温暖或偏热的地区适合种植。即使在原产地波尔多也不是每个年份都能成熟。用赤霞珠酿造的葡萄酒具有较强的陈年能力[①]，且在熟化[②] 时能与橡木桶带来的香气较好地融合，所以颇受全球酿酒师喜爱。

图 1-1　赤霞珠葡萄

① 陈年能力，是指一款酒能通过长时间存放来使香气变得更复杂的能力。
② 熟化，详见本章第四节。

用赤霞珠酿造的葡萄酒往往酸度和单宁[①] 都较高，具有典型的黑色果香，如黑醋栗、黑李子、黑樱桃、黑莓等的果香。大部分高品质赤霞珠葡萄酒会使用橡木桶熟化，熟化后会产生典型的香草、丁香、肉桂、烟熏和烘烤的香气，并伴随着该品种特有的青椒气息。优质的赤霞珠非常适合陈年，陈年后会散发雪松、雪茄盒、烟叶、菌菇以及森林地表等丰富香气。赤霞珠常与梅洛葡萄混酿。在澳大利亚，赤霞珠也会与西拉（Syrah）葡萄混酿。

全球优质的赤霞珠产区包括法国波尔多、意大利托斯卡纳（Tuscany）、美国纳帕谷、澳大利亚玛格丽特河（Margaret River）、澳大利亚库纳瓦拉（Coonawarra）、智利加查普（Cachapoal）和智利麦坡山谷（Maipo Valley）等产区。

1.1.2　西拉的品种特征

西拉（见图 1-2）是世界知名的红葡萄品种之一，果皮较厚，颜色较深。这些特征在老藤（old vine）葡萄上表现得尤为明显。这一品种需要较多的热量才可以成熟，所以和赤霞珠一样适合种植在温暖或偏热的产区。它风格多变，颇受全球酿酒师喜爱。

图 1-2　西拉葡萄

① 单宁，是一种水溶性的酚类物质，会附着于口腔，给口腔以收敛感，增大摩擦力。

用西拉酿造的葡萄酒，酸度较为柔和，具有典型的黑色果香，如黑醋栗、黑李子、黑樱桃和黑莓等香气，并伴随该品种特有的黑胡椒和白胡椒等香料香气。大部分优质西拉会使用橡木桶熟化，会散发典型的香草、丁香、肉桂、烟熏和烘烤香气，优质的西拉非常适合陈年，陈年后同样会有丰富的烟叶、菌菇、黑巧克力等香气。在澳大利亚，西拉常与赤霞珠混酿。

全球优质的西拉产区包括法国罗纳河谷（Vallée du Rhône），澳大利亚巴罗萨谷（Barrosa Valley）和猎人谷，智利利马里谷（Valle de Limarí），新西兰霍克斯湾（Hawkes Bay）等。

1.1.3　梅洛的品种特征

梅洛（见图 1-3）葡萄的果皮厚度中等，颜色深度适中，果串较松散，颗粒较大，成熟期较早，偏好较温暖的生长环境。由于它可以适应多种气候，且可以酿造多种风格的葡萄酒，因此受到全球酿酒师的喜爱。

图 1-3　梅洛葡萄

用梅洛酿造的葡萄酒，口感往往比较柔和，酸度和单宁都不明显。在温暖产区，梅洛会具有典型的黑醋栗、黑李子和黑樱桃等黑色果香。凉爽产区的梅洛则会带有更多草莓、红李子和树莓等红色果香。具有陈年潜力的梅洛一般经过橡木桶熟化产生丰富的烟草、菌菇、皮革等陈年香气。梅洛常与赤霞珠一同出现在混酿中，是波尔多混酿品种的主要角色之一。

全球优质的梅洛产区包括法国波尔多、意大利弗留利（Friuli）和美国纳帕谷等。

1.1.4 黑皮诺的品种特征

黑皮诺（Pinot Noir，见图 1–4）是目前市场上非常热门的红葡萄品种，颜色较浅，成熟较早，适合在气候温和或凉爽的产区种植。由于黑皮诺果皮较薄、果串紧密，因此容易遭受霉菌侵扰，需要更多的保护与打理。用其酿造的葡萄酒常常十分优雅细腻，口感轻柔易饮，因此受到许多国家消费者的喜爱。

图 1–4　黑皮诺葡萄

用黑皮诺酿造的葡萄酒，酸度、单宁较为柔和，具有典型的草莓、红李子和树莓等红色果香，并伴随该品种特有的动物皮毛气息。优质黑皮诺一般会使用橡木桶熟化，会有丰富的皮革、菌菇、地衣以及动物皮毛的香气。

全球优质的黑皮诺产区包括法国勃艮第、澳大利亚雅拉谷（Yarra Valley）、美国俄勒冈（Oregon）、德国巴登（Baden）、新西兰中奥塔戈（Central Otago）等。

1.1.5 歌海娜的品种特征

歌海娜（Grenache）是一种非常独特的红葡萄品种，成熟早，非常耐热耐旱，常种植在较温暖的产区，大多果皮较薄，酿成的酒颜色浅淡。老藤歌海娜（见图1-5）则表现出与新藤不一样的特征：果皮厚，颜色深，香气更馥郁，风味更醇厚。用歌海娜酿造的葡萄酒分为两种：新藤葡萄酿造的酒大多以新鲜的果香为主，大多不使用橡木桶熟化，清新易饮，不宜陈年；老藤葡萄酿成的酒风味浓郁，常使用橡木桶熟化，具有较强的陈年能力。

图1-5 歌海娜葡萄园

用歌海娜酿造的葡萄酒酸度柔和，单宁通常不高。因为葡萄果实容易成熟，可以积累较高的糖分，所以发酵后酒精浓度也大多较高。

老藤葡萄酒一般具有典型的黑醋栗、黑李子和黑樱桃等果香。新藤葡萄酒则以草莓、红李子和树莓等红色果香为主。优质的老藤歌海娜非常适合陈年，在法国罗纳河谷、澳大利亚巴罗萨，歌海娜常与西拉、穆尔韦德（Mourvèdre）混酿。在法国南部（South France）、西班牙普里奥拉托（Priorat），歌海娜常与佳丽酿（Carignan）混酿。

全球优质的歌海娜产区包括法国罗纳河谷、法国朗格多克-鲁西荣（Languedoc-Roussillon）、澳大利亚巴罗萨谷、西班牙普里奥拉托以及蒙桑特（Montsant）等。

1.1.6 其他红葡萄的品种特征

品丽珠（Cabernet Franc，见图 1-6）是世界主要的红葡萄品种之一，是赤霞珠和梅洛葡萄的父系品种。与赤霞珠、梅洛一样，用品丽珠酿造的葡萄酒有青椒、番茄叶等特别的香气，但是更多的时候以红色果香为主，颜色较赤霞珠要浅，酸度和单宁浓度也更低，陈年潜力也较差一些，有时会使用橡木桶陈酿。品丽珠常与赤霞珠和梅洛混酿。著名的品丽珠产区有法国卢瓦尔河谷（Vallée de la Loire）、波尔多，以及意大利托斯卡纳等。

图 1-6 品丽珠、佳美娜、内比奥罗、丹魄葡萄（从左至右）

佳美娜（Carménère，见图 1-6）是法国原生的知名红葡萄品种，目前主要在智利栽种。它果皮厚，颜色深，果串密，颗粒小，非常晚熟。佳美娜所酿造的葡萄酒具有典型的黑醋栗、黑李子、黑樱桃等黑色果香，且有青椒、番茄叶等类似赤霞珠和品丽珠的香气。佳美娜只有在完全成熟时才能避免有过多的植物类气息，因而酿造过程中适合用橡木桶熟化。著名的产区有智利科尔查瓜谷（Colchagua Valley）。

内比奥罗（Nebbiolo，见图 1-6）是意大利原生本地品种，果皮厚度中等，果串紧密，颗粒小，较晚熟。内比奥罗所酿葡萄酒主要散发草莓、红李子、树莓等红色果香，还会有玫瑰干花、沥青等特有香气。该品种单宁高，酸度高。就传统而言，酿造内比奥罗葡萄酒时一般使用大型旧橡木桶熟化，不过新派风格的酒款也可能使用新橡木桶来陈酿。内比奥罗所酿制的葡萄酒酒色浅淡，酒精度中高，酒体① 饱满。著名的产区有意大利皮埃蒙特（Piemonte）。

丹魄（见图 1-6）是西班牙主要的本土品种，果皮薄，果串松散，颗粒中等，成熟较早，无需较多的热量就可以成熟。所酿葡萄酒的单宁可以很高，酸度中等，颜色可深可浅，酒精度有时偏高，酒体可以很饱满。著名的产区有西班牙里奥哈。

1.2　红葡萄的种植环境

1.2.1　适合红葡萄种植的气候条件

整体而言，适合红葡萄生长的气候条件非常多样，从凉爽到炎热，

① 酒体，为专业的品酒词汇，用以表达酒的重量，以及与之相关的密度和黏度。一般描述为酒体饱满、中等或者轻瘦。酒精是酒体最重要的组成部分，由于葡萄酒中酒精含量仅次于水，而酒精的黏度要远高于水，因此一款酒的酒精度越高，酒体就越饱满。酒体与质量无关。

从海洋性气候到大陆性气候都可以种植红葡萄。随着不同气候的变化，葡萄酒的风格也会截然不同。

典型的凉爽产区有属于海洋性气候的澳大利亚塔斯马尼亚（Tasmania），主要种植黑皮诺；大陆性气候的美国哥伦比亚谷（Columbia Valley），主要种植赤霞珠、梅洛和西拉；同属大陆性气候的意大利皮埃蒙特则以内比奥罗、巴贝拉（Barbera）和多赛托（Dolcetto）等为主要品种。

典型的温和气候产区有属于海洋性气候的法国波尔多，主要种植赤霞珠、梅洛等；属于大陆性气候的法国勃艮第，主要种植黑皮诺；同属大陆性气候，德国巴登以黑皮诺为主要品种，西班牙里奥哈则以种植丹魄为主。

典型的炎热气候产区有属于干热大陆性气候的西班牙拉曼查（La Mancha），主要种植丹魄、赤霞珠和西拉；同属大陆性气候的意大利普利亚（Puglia），主要种植普拉米蒂沃（Primitivo）；属于地中海气候的法国朗格多克-鲁西荣则以歌海娜和佳丽酿为主。

1.2.2 适合红葡萄种植的土壤类型

红葡萄适合种植的土壤种类较丰富，且不同的土壤（见图 1-7）适合不同的品种。砾石土壤颗粒大，排水性良好，养分含量少，具有白天储存热量，晚上持续释放的特点，适合种植赤霞珠等需要较多热量的品种。黏土颗粒小，排水性差，养分含量较少，优点是储水能力较强，适合种植梅洛等不需要很多热量的葡萄品种。沙土颗粒小，排水性较好，养分含量少，可以抵抗对葡萄藤有致命性的根瘤蚜（phylloxera）

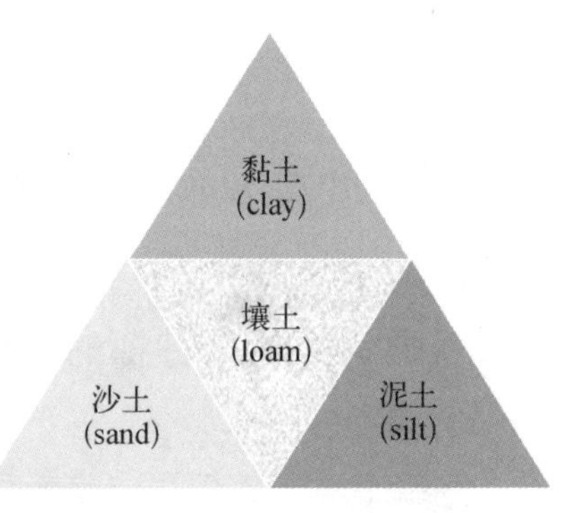

图 1-7　葡萄园土壤类型

虫害。麝香葡萄（Muscat）等部分品种在沙土上的生长状况较好。冲积土颗粒小，排水性差，养分含量多，因此适合高产量的葡萄品种。鹅卵石颗粒较大，排水性良好，养分含量少，优点是可以反射白天的日照并储存白天的热量在晚上持续释放，适合穆尔韦德和西拉等需要较多热量的品种。

1.2.3 葡萄园的选址对红葡萄种植的影响

葡萄园选址对于红葡萄的生长尤为重要，对葡萄生长有影响的因素包括海拔、山脉、河流、朝向和坡度。海拔影响葡萄园的气温，同一地区，海拔每升高100米，年平均温度降低0.6℃。因而，在一些炎热的产区，高海拔葡萄园可以抵御高温影响。葡萄园朝向也至关重要，对于一些相对凉爽的产区，最优质的葡萄园都位于山坡向阳面，从而获得更多日照，葡萄更容易成熟。坡度更多关系到人力成本，如在德国摩泽尔（Mosel）产区（见图1-8），极度陡峭的山坡无法使用机械，因此必须全手工种植采收，导致人工成本非常高昂。无论是偏热还是偏冷的产区，河流和湖泊都可以起到调节温度和湿度的作用。潮湿的生长环境可能会滋生灰霉病（botrytis bunch rot），是葡萄生长的不利因素。不过珍贵的贵腐菌也需要河流水汽的滋养才能生长。山脉对一些产区来说可以起到遮风挡雨的作用，例如阿尔萨斯（Alsace）旁的孚日山脉（Vosges）就挡住了水汽与寒风形成雨影区（rain shadow），给阿尔萨斯带来长而干燥的葡萄生长季。

图1-8 摩泽尔产区葡萄园

1.2.4 葡萄园里的病虫害和自然灾害

葡萄园里从来都不缺乏挑战，霉菌、动物、气候、人力短缺、水源短缺、病虫害（见图 1-9）等都很常见。霉菌滋生主要是因为空气中湿度过高，尤其对于黑皮诺等皮薄的葡萄品种影响较大。动物的影响在一些产区也不可小觑，比如新西兰和澳大利亚的很多产区会有很多的鸟来啄食葡萄，或毁坏葡萄树，当地常用防护网来罩住葡萄树。阿根廷的一些产区则会出现猩猩破坏葡萄园的情况。气候的挑战包括日照过于强烈而晒伤葡萄，例如新西兰的中奥塔戈产区，就需要种植者特别重视叶幕管理[①]。部分产区也会遭受足以摧毁葡萄园的强风破坏。在南罗纳河谷，由于密史脱拉风（Mistral Wind）强劲猛烈，所以需要种植防风林来保护葡萄园。人力短缺主要出现在一些旧世界[②] 国家，尤其是葡萄牙和希腊等地，人力短缺会导致人工成本上升。水源短缺是很多地区面临的问题。在大多旧世界国家，法律限制制作较高品质葡萄酒的葡萄园使用灌溉技术，但是很多新世界[③] 国家允许使用灌溉技术。

图 1-9 在葡萄园中喷洒农药预防病虫害

① 叶幕管理，是指在葡萄园中被采用的一系列用以控制产量、提高质量，并且进行自然灾害预防控制的葡萄园管理技术，主要目的是营造一个理想的微气候环境，来保证葡萄果实在阳光下的理想照射程度。

② 旧世界，是指欧洲和地中海盆地周边地区，比如北非和近东地区。葡萄酒酿造工艺通常会比较传统，当然也有许多例外。

③ 新世界，是相对于旧世界而言，是指欧洲及地中海盆地以外的所有地区，包括美洲、大洋洲、亚洲等葡萄酒生产地区。葡萄酒酿造工艺往往比较创新。

1.3　红葡萄酒的酿造

1.3.1　发酵对红葡萄酒的影响

发酵（见图 1-10）是红葡萄酒酿造过程中必不可少的环节，葡萄酒的发酵过程可以用这个公式概括：葡萄里的糖分 + 酵母 = 酒精 + 二氧化碳 + 热量。葡萄酒的酒精度主要由葡萄的成熟度来决定。这是由于葡萄越成熟，葡萄累积的糖分就越高，供转化酒精的原料就越多。发酵产生的二氧化碳对于静态红葡萄酒来说没有作用，但对于澳大利亚起泡设拉子（Shiraz）[①] 来说至关重要，因为二氧化碳正是酒中气泡的来源。由于过高的温度会破坏葡萄酒里新鲜的果香，大多酒庄会使用温控设备来控制发酵产生的热量。

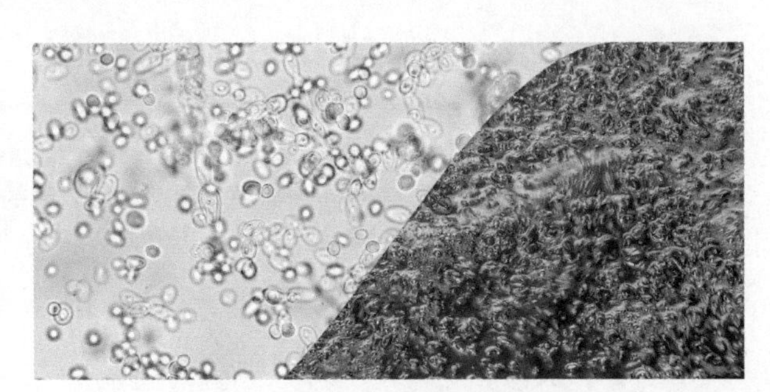

图 1-10　酵母与正在发酵的葡萄汁

发酵用的酵母大体可以分为商业酵母和野生酵母两种。商业酵母的特点是稳定，发酵速度快，可以大批量购买，但是不会增加额外的香气。野生酵母的特点是不稳定，发酵速度慢，无法控制发酵过程，但是好的野生酵母会为葡萄酒带来独一无二的香气，所以很多顶级酒庄选择采用野生酵母。

发酵使用的容器也有很多选择，不锈钢罐可以保持果香的新鲜感，非常常见。另有一些酒庄偏爱使用橡木桶来发酵甚至熟化，这样可以使

① 设拉子，为西拉在澳大利亚的称谓。

橡木的香气与果香更加融合。

1.3.2 红葡萄酒的苹果酸乳酸发酵

苹果酸乳酸发酵（malolactic fermentation，简称 MLF，见图 1－11）常在酒精发酵结束以后进行，是绝大多数红葡萄酒的选择。未经苹果酸乳酸发酵的葡萄酒一般会含有大量的苹果酸，会给葡萄酒带来较为尖锐的酸度；而乳酸会柔和许多，且较为稳定，使葡萄酒更加易饮，也有助于稳定酒的颜色与风味。经过苹果酸乳酸发酵的红葡萄酒，口感更加柔滑，有轻微油脂感，也会有少许黄油和奶油的香气。

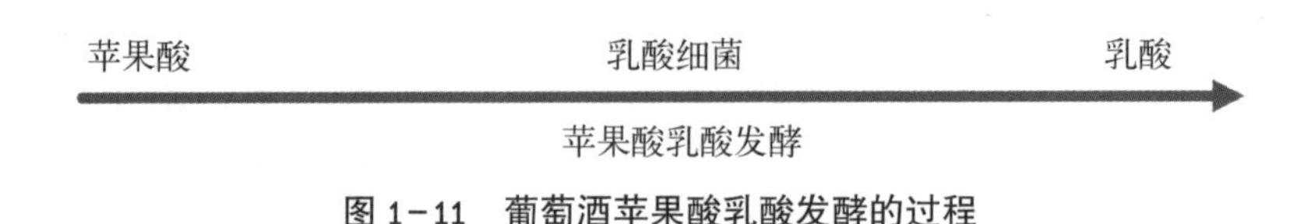

图 1－11　葡萄酒苹果酸乳酸发酵的过程

1.3.3 浸渍对红葡萄酒的影响

红葡萄酒的浸渍（见图 1－12），意为将果皮与葡萄汁接触，以达到汲取颜色、香气和单宁的行为。浸渍分为很多种类，包括前浸渍、后浸渍、热浸渍、冷浸渍、二氧化碳浸渍。

图 1－12　红葡萄酒浸渍

前浸渍相对来说是最柔和的浸渍方式，此阶段的葡萄汁尚未发酵，所以在此时萃取颜色、香气和单宁的速度虽然较慢，但较为自然。

后浸渍指在发酵后进行浸渍，此时葡萄汁已经发酵，酒精会加快浸渍的速度，所以后浸渍一般不会持续很久，否则会萃取过量的颜色和单宁。

热浸渍大多应用于大批量的商业酒款，为了节省时间，在浸渍时稍作加热，加快浸渍速度，以达成节省时间的效果，但这种方式提取的单宁较为粗糙，优雅的香气也会被破坏。

冷浸渍的作用是在不萃取很多单宁的情况下萃取颜色与香气。此做法可以给葡萄酒带来非常新鲜的果香，大多应用于以果香为主的酒款。

二氧化碳浸渍的作用和冷浸渍有一定相似之处，但会产生独特的泡泡糖和水果硬糖气息，最著名的案例是法国博若莱（Beaujolais）产区的博若莱新酒（Beaujolais Nouveau）。

1.3.4　红葡萄酒的压榨

当红葡萄酒发酵和浸渍结束以后，会进行压榨，把葡萄皮里残留的葡萄酒压榨出来，然后将果皮去除。需要注意的是，葡萄的籽中含有苦油，如果用金属类压榨仪器，压榨力度过大会导致葡萄籽破碎，释放苦油，给葡萄酒带来苦味。目前世界上最流行的压榨机有三种，分别是筐式压榨机（basket press，见图 -13）、立式压榨机（vertical press）以及气动压榨机（pneumatic press）。

图 1-13　红葡萄酒压榨（使用筐式压榨机）

在这个操作里，压榨出的葡萄酒分为几个部分，一部分是自流汁（free-run juice），一部分是一榨汁，一部分是重榨汁。自流汁指不经压榨直接自然流出的酒液，被认为最为清澈，果香最优雅，但是单宁含量少。一榨汁是第一道压榨流出的汁液。重榨汁则是一榨之后压榨出的汁液，果香、单宁含量高，但很粗糙，并且容易有苦味。高质量酒款大多使用自流汁和一榨汁，有的使用部分重榨汁来增加单宁和颜色。有些酒款会混合三种压榨汁来追求最大的产量。

1.4　红葡萄酒的陈年与熟化

1.4.1　熟化容器对红葡萄酒的影响

熟化对于红葡萄酒而言是很重要的环节，它可以增加红葡萄酒香气的复杂性，也可以柔化酸度、单宁和酒精，使红葡萄酒的口感更加柔和。

图 1-14　橡木制品

熟化的容器多种多样，其中不锈钢罐最为常见。不锈钢罐大多用来熟化短时间内就要上市的红葡萄酒，熟化时间大多在3—8个月，用不锈钢罐可以保持香气的清新。另外，在使用不锈钢罐进行熟化时也可以适当使用橡木制品（见图 1-14），如橡木条、橡木板、橡木块，来提升香气的复杂度。同时有一些酒款会分别装入不同容器中陈酿，最后混合到一起，来提升香气的复杂度。

橡木桶则是知名度最高的容器，不同的橡木桶可以给葡萄酒带来不同的香气，比如美国的橡木桶会带来甜美的椰子和香草香气；法国的橡木桶会带来丁香和肉桂等香料香气。旧的大橡木桶会使酒的口感更柔和，而不是增加香气。新的小橡木桶既可以柔化口感也可以增添香气。烘烤程度重的橡木桶使酒具有更多烟熏和烘烤的味道，烘烤程度轻的橡木桶则会带来更多香料味。

1.4.2　熟化时间对红葡萄酒的影响

熟化时间对红葡萄酒而言同样十分关键，在不同的容器中不同的熟化时间会得到风格迥异的葡萄酒。

如果仅仅在不锈钢罐中熟化红葡萄酒，时间对酒并没有特别大的影响，但是如果里面加入了橡木条、橡木板、橡木块等橡木制品，则需要考虑熟化时间的问题。因为绝大多数用不锈钢罐陈酿的酒款主要为了突出新鲜的果香，而如果加入橡木制品时间过久，果香可能会被橡木制品的气息盖过。

如果是在橡木桶中熟化（见图 1-15）红葡萄酒，熟化时间对葡萄酒的影响分为两种情况：如果在小型新桶里熟化，需要严格控制熟化时间，以达到果香和橡木香气的平衡；如果在旧的大桶里熟化，微氧化就不会使葡萄酒过多受到橡木桶的影响。

图 1-15　葡萄酒在橡木桶中陈年

如果在陶罐中熟化葡萄酒，可以柔化酸度、单宁和酒精。熟化时间的长短主要影响的是口感。

1.5 法国产区红葡萄酒的特点

1.5.1 波尔多产区红葡萄酒的特点

波尔多是世界知名的红葡萄酒产区，地处北纬 45°，受北大西洋暖流的影响，属于典型的温和海洋性气候，年均降雨量 900 毫米，春季潮湿，夏季温暖并可能伴随暴雨，秋季与冬季较为温和。波尔多拥有 12 万公顷的葡萄园与 60 多个葡萄酒法定产区，可以分为左岸（Left bank）、右岸（Right bank）和两海间（Entre-Deux-Mers）三大部分。

波尔多的分级除了右岸圣埃米里翁（Saint-Émilion）产区以外，分级与法定产区系统并非完全一致，这里更倾向于将单独的生产者进行分级，而一个生产者只代表一个品牌，并非特定的地块。

左岸的主要红葡萄品种是赤霞珠与梅洛，右岸则以梅洛与品丽珠为主，之所以种植品种有所区别，最主要原因是土壤类型不同。左岸以砾石、黏土为主，右岸以石灰岩和黏土为主，赤霞珠适合种植在砾石土壤上，品丽珠却偏爱石灰岩土壤。

左岸和右岸皆有非常著名的酒庄，比如左岸的拉菲古堡（Château Lafite Rothschild）、拉图酒庄（Château Latour）和玛歌酒庄（Château Margaux，见图 1-16），右岸的柏图斯酒庄（Château Pétrus）和白马庄园（Château Cheval Blanc）等。两海间主要以大批量廉价酒为主，大多数会冠以波尔多大区的名义来售卖，因为波尔多的知名度更高。典型的波尔多高质量红葡萄酒会以新鲜的黑色、红色果香为主，并常伴随明显的橡木桶风味，具有非常强的陈年潜力。

图 1-16　波尔多著名的玛歌酒庄

1.5.2　勃艮第产区红葡萄酒的特点

勃艮第是举世闻名的红葡萄酒产区，位于北纬 47°，属于较为温和凉爽的大陆性气候，年均降雨量 760 毫米，春季天气多变，夏季温暖，为葡萄的成熟提供了良好条件，秋季漫长，冬季寒冷。拥有 100 余个法定产区，占整个法国的 25%，分为沙布利（Chablis）、金丘（Côte d'Or）、马贡（Mâconnais）、沙隆丘（Côte Chalonnaise）和博若莱几个部分。

勃艮第的葡萄园按照地块来划分等级（见图 1-17），分为大区级葡萄园（Regional）、村庄级葡萄园（Village）、一级葡萄园（Premier Cru / Ler Cru）、特级葡萄园（Grand Cru）。其中后两个等级合称为单一级葡萄园。一级葡萄园代表高质量的勃艮第葡萄酒，全勃艮第共有 600 余个。特级葡萄园则是金字塔顶尖上的明珠，代表勃艮第最高等级的酿酒水平。全勃艮第共有 33 个特级葡萄园，但产量极低，不及总产量的 1%。

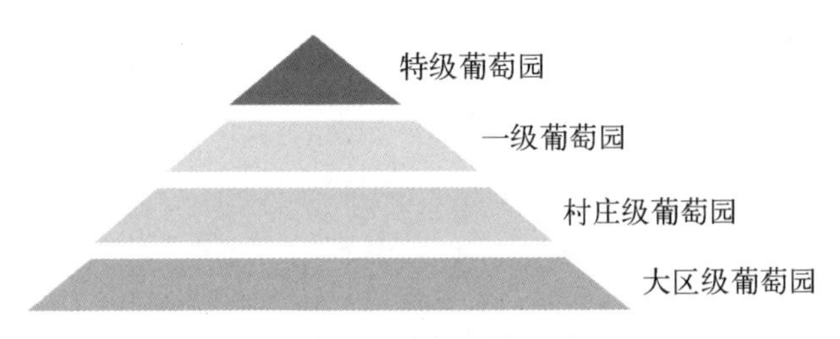

图 1-17　勃艮第产区葡萄园等级划分

勃艮第种植最多的红葡萄品种是黑皮诺，其次是佳美（Gamay）。优质的黑皮诺主要产于金丘，种植在石灰质土壤上。而佳美则是大部分出产于博若莱，种植在花岗岩和冲积土上。

勃艮第最为出名的子产区莫过于金丘。从特级葡萄园在勃艮第的分布就不难看出，33 个特级葡萄园有 32 个位于金丘。博若莱则主要以二氧化碳浸渍法酿制果味新鲜的淡色干红为主，其中以博若莱新酒最为出名。博若莱鲜有高品质的顶级酒款出现，品质较出色的酒款往往来自几个最著名的村庄，如风车酒庄（Château du Moulin-à-Vent）等。典型的高质量勃艮第黑皮诺会以新鲜红果味为主，有较强的陈年潜力。

1.5.3　罗纳河谷和法国南部产区红葡萄酒的特点

罗纳河谷（见图 1-18）是法国极为重要的红葡萄酒产区，地处北纬 44°，可以分为南北两部分。北罗纳河谷拥有凉爽的大陆性气候，年均降雨量 900 毫米，南罗纳河谷拥有炎热的地中海气候，年均降雨量 700 毫米，强劲的密史托拉风给当地带来巨大影响，除了降低温度，还会摧毁葡萄园，需要种植防风林来抵挡。

图 1-18　罗纳河谷产区葡萄园景观

北罗纳河谷种植最多的红葡萄品种是西拉，是世界上顶级的西拉产地，风格也较为多样，罗蒂丘（Cote-Rôtie）的西拉会与白葡萄品种维欧尼（Viognier）混酿来提升香气，风格优雅；科纳（Cornas）则采用 100% 西拉酿造，风格更加浓郁；艾米塔基（Hermitage）处于两者之间，质量和价格都非常高。著名的酒庄有吉家乐（E. Guigal）和莎普蒂尔（Chapoutier）等。

南罗纳河谷最出名的红葡萄酒则是由 GSM 混酿，G 为歌海娜，S 为西拉，M 为穆尔韦德，这三个品种在南罗纳河谷处于统治地位，最出名的子产区是教皇新堡（Châteauneuf-du-Pape）。炎热的气候加上可以反射热量的鹅卵石土壤使这里的葡萄酒风格非常浓郁、饱满，但是因为产区的占地面积过大，管理不严格，导致出品良莠不齐。著名的生产商有佩高酒庄（Château de Pegau）和博卡斯特尔酒庄（Château de Beaucastel）等。

法国南部属于炎热的地中海气候，年均降雨量 400 毫米，密史托拉风起到降低温度的作用。南法产区在过去 30 年里变化很大，之前人们印象中此处只生产用佳丽酿和歌海娜酿造的低质量葡萄酒。但是近些年来，越来越多的酒庄开始引进国际品种，如西拉、赤霞珠等，逐渐从追求产量转型为追求质量，越来越多的小型精品酒庄开始崭露头角，尤其是在郎格多克－鲁西荣产区。

1.5.4　卢瓦尔河谷产区红葡萄酒的特点

卢瓦尔河谷（见图 1－19）是世界知名的红葡萄酒产区，位于北纬 47°，年均降雨量 800 毫米，兼具凉爽的大陆性与海洋性气候。值得注意的是，由于该地处于高纬度靠北产区，河流对该产区温度的调节起着非常重要的作用。整个卢瓦尔河谷呈狭长的条状，可分为南特（Nantes）、安茹－索米尔（Anjou-Saumur）、图赖讷（Touraine）和中央产区（Vins du Centre）四个子产区。

图 1-19　卢瓦尔河谷产区葡萄园

卢瓦尔河谷的主要红葡萄品种是品丽珠，其酿造的葡萄酒主要散发新鲜的果香，酒款大多简单易饮，有明显的植物风味，比如安茹-索米尔产区的安茹（Anjou）与索米尔（Saumur），图赖讷产区的希农（Chinon）。此外赤霞珠等品种在当地也有少量种植。相对来说质量较高的产区是图赖讷的布尔格伊（Bourgueil）和圣尼古拉-布尔格伊（Saint-Nicolas de Bourgueil），这里的红葡萄酒更加浓郁饱满，单宁量更多。图赖讷产区目前的葡萄酒酿造趋势是，越来越多的生产者在尝试使用橡木桶熟化。

1.6　意大利产区红葡萄酒的特点

1.6.1　皮埃蒙特产区红葡萄酒的特点

皮埃蒙特（见图 1-20）在意大利语中意为“山脚下”，位于意大利的西北部，地处北纬 45°，属于凉爽的大陆性气候，年均降雨量 850 毫米。阿尔卑斯山环绕四周，带来凉爽的风与雾气，拉长了整个产区的生长季，有利于晚熟的葡萄品种充分生长。皮埃蒙特拥有全意大利数量最多的 DOC（Denominazione di Origine Controllata，法定产区）与 DOCG（Denominazione di Origine Controllata e Garantita，保证法定产区），是名庄聚集地。

图 1–20　皮埃蒙特产区葡萄园景观

皮埃蒙特的重要红葡萄品种有内比奥罗、巴贝拉以及多赛托。

内比奥罗与巴贝拉偏好温暖的区域，多赛托则喜欢种植在凉爽的区域。内比奥罗是公认的意大利顶级的红葡萄品种之一。皮埃蒙特最出名的产区有巴罗洛（Barolo）和巴巴莱斯科（Barbaresco），风格可以分为新派和传统派，传统派喜欢更大程度的萃取以带来超高的单宁，并常使用大的旧橡木桶进行超长时间的熟化。著名的传统派生产商有布鲁诺 · 贾科萨酒庄（Bruno Giacosa）和孔特诺酒庄（Giacomo Conterno）。不过新派更偏向于适度萃取以及使用新的小橡木桶进行相对短时间的熟化，可以让人们尽早享用。著名的新派生产商为伊林奥特酒庄（Elio Altare）。

巴贝拉和多赛托的品种特性截然相反。巴贝拉酸度高，单宁低，适合用橡木桶熟化，有一定的陈年潜力。而多赛托酸度低，单宁高，不适合用橡木桶熟化，用其酿制的酒款大多在年轻[①] 时饮用。虽然内比奥罗是名气最大的葡萄品种，但因其娇贵的特性，种植面积比另两个品种都要小，但品质却常常优良得多。

1.6.2 威尼托产区红葡萄酒的特点

威尼托（Veneto，见图 1-21）是意大利最大的葡萄酒产区，位于意大利东北部，地处北纬 45°，年均降雨量 780 毫米，属于凉爽的大陆性气候，北部有高耸的阿尔卑斯山，东部有亚得里亚海（Adriatic Sea），都对气候的调节起到至关重要的作用。这里 DOC 与 DOCG 的产量可以占到总产量的 20% 以上，属于意大利优质的葡萄酒产区。

图 1-21 威尼托产区葡萄园景观

威尼托的重要红葡萄品种主要有科维纳（Corvina）、罗蒂妮拉（Rondinella）、莫琳娜（Molinara）。他们经常互作混酿，其中最重要

① 此处的年轻用以表述一款酒刚被酿造结束，通常情况下尚未进入适饮期。

的品种是科维纳，常在混酿中占比最大。

威尼托主要的红葡萄酒子产区是瓦波利切拉（Valpolicella）。在这里，既有新鲜易饮风格的瓦波利切拉 DOC，也有用风干方式制作的高质量干红和甜红，分别是干型的瓦波利切拉的阿玛罗耐（Amarone della Valpolicella）DOCG 和甜型的瓦波利切拉的乐巧多（Recioto della Valpolicella）DOCG。相对于一般的干型红葡萄酒而言，用风干方式制作的红葡萄酒拥有更加浓郁的香气和更高的酒精度。这些酒通常产量较低，价格不菲，并且在国际上享有盛誉。著名的生产商有朱塞佩·昆达莱利酒庄（Giuseppe Quintarelli）。

1.6.3 托斯卡纳产区红葡萄酒的特点

托斯卡纳产区位于意大利中部，地处北纬 43°，年均降雨量 900 毫米，拥有温暖的地中海气候，凉爽的海风可以有效调节气温，使得这里非常适合种植波尔多品种（赤霞珠、品丽珠和梅洛等）。这里有非常多的山坡，高度、朝向各异，给生产者提供更多的种植不同葡萄品种的可能性。

这里主要的红葡萄品种分为两类：一类是本地品种，如桑娇维赛（Sangiovese）；一类是国际品种，如赤霞珠、品丽珠等。

整体来说，托斯卡纳的葡萄酒分为两大类。一类是以本地品种为主的葡萄酒产区，如基安蒂（Chianti，见图 1-22）和蒙塔尔奇诺的布鲁耐罗（Brunello di Montalcino）。基安蒂在早期成名以后曾一度疯狂扩张葡萄园，所以如今认为

图 1-22 基安蒂产区景观

只有经典基安蒂（Chianti Classico）这个小范围内酿造的酒才是最传统、最优质的基安蒂干红。

相较范围较大的基安蒂产区，蒙塔尔奇诺的布鲁耐罗平均质量要高很多，有众多世界级名庄坐落于此，那里的酒款更是常常登上酒评家高分乃至满分榜单。布鲁耐罗是桑娇维赛的一个克隆品种，比普通的桑娇维赛葡萄颜色更深，单宁更高。蒙塔尔奇诺的布鲁耐罗产区也更深处内陆，气候更加温暖，因此酒的风格也更偏向于浓郁饱满。不过也有部分生产商偏好于优雅轻盈的路线。蒙塔尔奇诺的著名酒庄包括索德拉酒庄（Soldera）和波吉欧酒庄（il Poggione）。

另一类则是以使用国际品种为主的产区，如博格利（Bolgheri）。由于这类产区不使用传统的当地品种，所以在一开始无法标注法定的 DOC 与 DOCG 等级，只能标注地区葡萄酒（Indicazione Geografica Tipica，简称 IGT，即大区级别）。由于这类产区的葡萄酒品质超群，使得这类酒有了另外一个名字——超级托斯卡纳（Super Tuscan）。真正意义上的第一支成功的超级托斯卡纳是 1971 年装瓶的西施佳雅（Sassicaia）干红。它第一次打破成规，以赤霞珠、品丽珠与梅洛为主酿造出极为高品质的葡萄酒，从而奠定了其意大利酒王的地位。

1.7 西班牙产区红葡萄酒的特点

1.7.1 里奥哈产区红葡萄酒的特点

里奥哈（见图 1-23）的名字来源于奥哈河（Rio Oja），是埃布罗河（Rio Ebro）的支流之一，位于西班牙北部，地处北纬 42°，年均降雨量 400 毫米，属于温暖的地中海气候，北部有坎塔布里亚山脉（Cordillera Cantábrica），南部有德曼达山脉（Sierra de la Demanda），因此上里奥哈（Rioja Alta）更多地受大陆性气候影响，东里奥哈（Rioja Oriental）更多地受地中海气候影响，而里奥哈阿拉维萨（Rioja Alavesa）则受到海洋性气候影响。

图 1-23　里奥哈产区葡萄园景观

那里 90% 的产区都生产红葡萄酒。大部分是以丹魄为主的混酿，常使用歌海娜、佳丽酿与格拉西亚诺（Graciano）为辅助品种。在混酿中，歌海娜更多地承担增加酒体和酒精度的角色；格拉西亚诺则可增添芳香气味；佳丽酿则会增加酒的单宁和酸度，使酒的口感更立体、饱满。

传统的里奥哈红葡萄酒，非常偏爱使用橡木桶长时间陈年，当地的红葡萄酒法规分级也是根据陈年时间来划分。新酒（Joven）几乎不受橡木桶影响；陈酿（Crianza）等级葡萄酒最少陈酿两年，其中最少要经过 6 个月橡木桶陈酿；珍藏（Reserva）等级葡萄酒最少陈酿 3 年，其中最少在橡木桶中陈酿 1 年；特级珍藏（Gran Reserva）葡萄酒最少陈酿 5 年，其中至少要在橡木桶中陈酿 18 个月。虽然法律规定的时间已经不短，但是顶级酒庄的陈酿时间仍然远远超过法律规定。著名酒庄包括洛佩兹 · 埃雷蒂亚酒庄（R. López de Heredia）和橡树河畔酒庄（La Rioja Alta S. A.）等。

里奥哈有三个子产区，分别是里奥哈阿拉维萨、上里奥哈和东里奥哈（见图 1-24）。阿拉维萨里奥哈面积最小，海拔最高，风格也是最优雅的。上里奥哈的生长期比东里奥哈要短，风格与阿拉维萨里奥哈非常接近。东里奥哈则占地面积最大，产量也非常高，优雅性[①] 相比另外两个产区有所欠缺，但是酒精度、酒体要更加饱满。在里奥哈，葡萄酒的酿造者极少使用单一产区出产的葡萄，绝大多数的葡萄酒都会混合三个子产区出产的葡萄来酿造，以寻求更加平衡的口感。

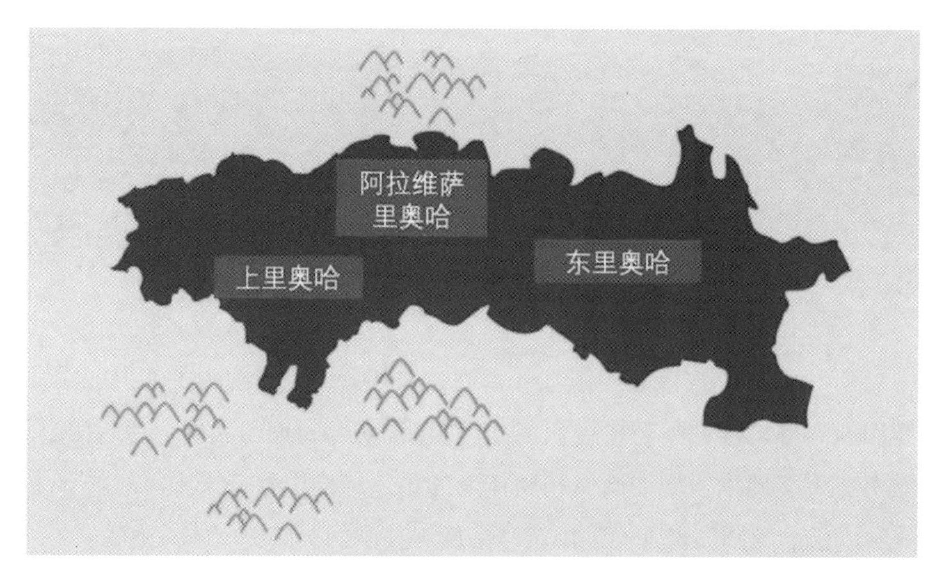

图 1-24　里奥哈产区示意图

1.7.2　杜罗河岸产区红葡萄酒的特点

杜罗河岸的名称源于杜罗河（Rio Duero），是西班牙非常重要的葡萄酒产区，位于里奥哈西南部，地处北纬 41°，年均降雨量 435 毫米，属于温暖的大陆性气候。葡萄园海拔在 700—900 米之间，群山环抱，因此全

① 优雅性常常用以描述一款在凉爽气候条件下种植并酿造的葡萄酒，香气淡雅、酒体轻瘦，与质量没有直接关系，是香气浓郁、酒体饱满的反义词。

年的夜晚都非常凉爽，较大的温差可以使葡萄有效保留酸度。

里奥哈的红葡萄品种主要是以精红（Tinto Fino，丹魄的克隆种）为主的混酿，歌海娜、赤霞珠、马尔贝克（Malbec）和梅洛也有种植，主要是受当地的西班牙酒王——维格西西莉亚酒庄（Vega Sicilia，见图 1−25）影响。

图 1−25　西班牙酒王维加西西莉亚的陈酿室

相比里奥哈，杜罗河岸有更强的日照以及更大的昼夜温差，由此带来的较长生长期意味着这里的葡萄会更容易成熟，同时还能保留较高的酸度。因此，这里的葡萄大多会比里奥哈的葡萄颜色要深，单宁也更成熟。所酿造的葡萄酒酒体更加饱满雄壮，也更多散发出丰富的黑色果香。在酿造方面，这里更偏爱使用优雅风的法国新橡木桶，熟化时间相对里奥哈会短一些。

1.7.3　普里奥拉托产区红葡萄酒的特点

普里奥拉托（见图 1−26）是西班牙非常重要的葡萄酒产区之一，位于西班牙东部，地处北纬 41°，年均降雨量 500 毫米，拥有炎热的大陆性气候，整个产区被西乌拉那河（Rio Siurana）和蒙桑特河环绕。土壤以红色板岩上覆盖一层细碎的云母颗粒为特色，可以储存热量，反射阳光，有利于葡萄的成熟。葡萄园分布在 100—700 米海拔的陡坡上，因为在陡坡上作业非常困难，导致管理葡萄园的成本非常高，因此在 1970 年之前许多种植者都放弃在此继续种植葡萄。

图 1-26　普里奥拉托产区葡萄园景观

让普里奥拉托在世界舞台上声名鹊起的最主要原因是，1980 年代这里发现了许多被遗弃的珍贵老藤，用老藤产出的葡萄酿制出非常顶级的酒款。藉此，普里奥拉托在 2000 年顺利取得优质法定产区（DOCa）的评级。目前西班牙只有普里奥哈和里奥哈两个产区属于这个等级。

普里奥拉托的主要红葡萄品种是歌海娜和佳丽酿，尤其是老藤葡萄最具特色，用它们酿造出的葡萄酒颜色深，单宁高，异常浓郁饱满，常使用容量 300 升的法国新橡木桶进行熟化，使得香气更加复杂。高质量的普里奥拉托红葡萄酒陈年潜力惊人，常可陈放几十年。

1.8　德国产区红葡萄酒的特点

1.8.1　巴登产区红葡萄酒的特点

巴登是德国种植面积第三大的产区，紧随莱茵黑森（Rheinhessen）和普法尔茨（Pfalz）产区之后。那里是德国最温暖的产区，以生产红葡萄酒为主。

巴登超过一半的葡萄园都被皮诺家族的葡萄所占据，尤其是黑皮诺。巴登最好的葡萄园位于凯撒施图尔（Kaiserstuhl，意思是帝王宝座）子产区。这里是死火山区域，阳光充裕，出产的黑皮诺成熟饱满，带有矿物气息。南边的图尼贝格（Tuniberg）子产区也生产风格类似的黑皮诺，用其酿造的葡萄酒酒体略轻盈。

1.8.2　普法尔茨产区红葡萄酒的特点

普法尔茨是德国（见图 1-27）产量第二大的产区，位于莱茵黑森产区的南部。普法尔茨西边的哈尔特山（Haardt Mountains）是阿尔萨斯孚日山脉的延续，所以普法尔茨产区跟阿尔萨斯产区有很多相似之处，比如同样受到雨影效应的影响，气候温暖，干燥少雨，以出产干型葡萄酒为主。

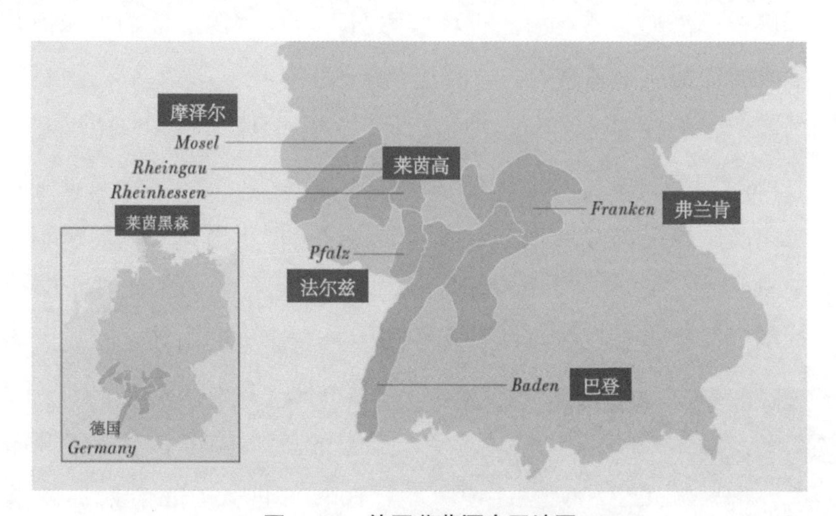

图 1-27　德国葡萄酒产区地图

在普法尔茨，红葡萄的种植比例达 40%，其中以丹菲特（Dornfelder）为最。此外还有葡萄牙兰（Portugieser）和黑皮诺。其中，葡萄牙兰所酿造的葡萄酒主要供应本地市场。黑皮诺是法律唯一允许酿造顶级干型葡萄酒（Großes Gewächs，简称 GG）的红葡萄品种。

1.9 澳大利亚和新西兰产区红葡萄酒的特点

1.9.1 巴罗萨谷产区红葡萄酒的特点

澳大利亚法定葡萄酒产区巴罗萨大区（Barossa Zone）由两个闻名于世的子产区组成，它们分别是巴罗萨谷（Barossa Valley）和伊甸谷（Eden Valley）。这里深受德国移民影响，至今有些小镇仍然通行德语。巴罗萨谷由于受到山脉阻挡，夏日干热，偏属大陆性气候。大部分的葡萄园位于谷底，需要进行灌溉。这里最珍贵的是老藤，许多已过百岁，从未受到根瘤蚜虫害感染。这些老藤只采用旱耕方法，不实行人工灌溉，所以根部需要穿透贫瘠的土壤努力向下寻找水源。葡萄果味极其浓郁，酿成的葡萄酒饱满有力，口感复杂迷人。

巴罗萨谷的代表红葡萄品种是西拉，一般酒体饱满，口感柔和而浓郁，有成熟的黑色浆果和甜美的美国橡木桶风味。除了单一品种酒款，这里也出品南罗纳河谷风格的歌海娜、西拉、穆尔韦德混酿。穆尔韦德在当地被称为“Mataro”，酿制时一般都使用老藤葡萄。此外，西拉和赤霞珠的混酿也很常见，这两种葡萄多生长在凉爽的山坡之上。著名的奔富酒庄（Penfolds）就坐落于此，其旗舰酒款 RWT（2016 年开始加上 Bin798 进入 Bin 系列）就是非常优质的巴罗萨谷单一品种西拉干红。与声名远播的顶级酒款葛兰许（Grange，见图 1-28）不同，RWT 虽然是以西拉为主的混酿，但果实

图 1-28 奔富葛兰许

却来自南澳不同的子产区。

1.9.2 库纳瓦拉产区红葡萄酒的特点

库纳瓦拉（见图 1-29）位于南澳阿德莱德（Adelaide）东南方向 300 千米处，靠近南部海岸和维多利亚州（Victoria State）边界。这里的气候跟波尔多有些相似，容易受到春霜和秋雨的影响。这里受南极洲寒流的影响，比北部要凉爽得多，属于温和的海洋性气候。这里的土壤被称作特罗莎红土（Terra Rossa），这种土质的特殊之处在于石灰岩土层上会覆盖松脆的含铁黏土。

图 1-29 库纳瓦拉葡萄园

此处 90% 为红葡萄品种，以赤霞珠最受肯定，其酿制的葡萄酒特点是口感浓郁，具有架构[①]，有明显的黑醋栗、桉树叶和薄荷香气。优质的库纳瓦拉赤霞珠有很长的陈年能力。除了赤霞珠，这里还出产梅洛和西

① 架构，指葡萄酒中酸度、单宁、甘油、酒精以及酒体等各种元素的相互关系。

拉，大多与赤霞珠进行混酿。这类酒一般酒体中等，带有成熟的红果与黑果香气，并伴有些许香料和独特的桉树叶味道。

1.9.3 玛格丽特河产区红葡萄酒的特点

玛格丽特河（见图 1-30）被誉为澳大利亚的波尔多，但其所在纬度其实比波尔多低 10°，因此气候条件更接近温暖年份的波尔多。此产区地形狭长，长 90 千米，宽 25 千米，坐落在距珀斯（Perth）230 千米的海岸边。这里受印度洋影响，降雨比较多，且集中在冬季。

图 1-30 玛格丽特河产区葡萄园景观

这里的砾石土壤非常适合赤霞珠生长，当地种植的红葡萄品种也多为波尔多品种，梅洛种植面积很大，常与赤霞珠混酿。与库纳瓦拉相比，玛格丽特河的赤霞珠有较多植物和草本气息，有泥土的气息，没有突出的桉树叶味，所以其风格更偏向于法国风格。比较知名的酒庄有博克兰谷酒庄（Brookland Valley）、卡伦酒庄（Cullen）和慕丝森林酒庄（Moss Wood）等。

1.9.4　马尔堡产区红葡萄酒的特点

马尔堡（Marlborough）是新西兰第一大产区，种植面积占全国 60% 以上。产区坐落在新西兰南岛最北端的雨影区内。这里白天日照长，晚上降温很快，生长季气候干燥。春霜和夏旱对葡萄生长有一定威胁。为解决夏旱问题，葡萄园普遍使用滴灌。产区分为两个子产区：北部阳光明媚的怀劳（Wairau），南部更加凉爽干燥、昼夜温差更明显的阿沃特雷谷（Awatere Valley）。

虽然马尔堡以长相思（Sauvignon Blanc）闻名，而黑皮诺的种植面积也位居全新西兰第一。那里的黑皮诺主要用来酿造果味新鲜、酒体较为轻盈的酒款。相较隔岸相望的马丁堡（Martinborough），其果香更加明显；而与南部的中奥塔戈黑皮诺相比，其口感更加轻盈优雅。

1.9.5　中奥塔戈产区红葡萄酒的特点

中奥塔戈产区（见图 1-31）位于新西兰南岛南部，处于南阿尔卑斯山（Southern Alps）的环抱之中，是新西兰唯一处于大陆性气候带的产区。这里有鲜明的四季变化和明显的昼夜温差，生长季温暖而漫长。最好的葡萄园都位于朝北的斜坡上，以得到充分的日照。产区山坡比较多，加之土壤蓄水比较差，灌溉问题就非常关键。葡萄采摘时间集中在 4 月下旬，比北部产区晚至少 1 个月的时间。

图 1-31　中奥塔戈产区葡萄园景观

黑皮诺是这里无可争议的明星。此地的黑皮诺生长于覆盖在页岩之上的砾石土壤中，是这里高质量红葡萄酒的原料来源。用这种黑皮诺酿制的葡萄酒饱满细腻，如丝绒般的口感，加上浓郁的果香和醇厚的酒体，使新西兰成为新世界最具实力和名气的黑皮诺葡萄酒生产国。知名生产商有飞腾酒庄（Felton Road）、瑞本酒庄（Rippon）、狄菲特山麓酒庄（Mount Difficulty）等。

1.10 美国和加拿大产区红葡萄酒的特点

1.10.1 纳帕谷产区红葡萄酒的特点

纳帕谷（见图 1-32）位于旧金山（San Francisco）北部靠内陆 50 千米的位置。葡萄园主要分布在马雅卡玛丝（Mayacamas）和瓦卡（Vaca）山脉的山谷和山麓区域，享有温暖的地中海气候。南边的卡内罗斯（Carneros）受到从圣保罗湾（San Pablo Bay）吹来的凉风和晨雾影响，气候比较凉爽，越往北边温度和降雨量逐渐攀升。最著名的子产区包括鹿跳区（Stags Leap District）、橡树镇（Oakville）和拉瑟福德（Rutherford）等。

图 1-32　纳帕谷产区欢迎标识

纳帕谷的红葡萄品种主要以赤霞珠和梅洛等波尔多品种为主，另外也有黑皮诺、仙粉黛（Zinfandel）和西拉等作为辅助。赤霞珠占领了除卡内罗斯以外所有的纳帕谷子产区。受法国波尔多影响，纳帕谷的赤霞珠葡萄酒颜色深邃，口感饱满复杂且常常带有一丝土壤、草本和薄荷的香气，但比波尔多赤霞珠更加饱满、圆润和甜美。梅洛葡萄酒的质感柔滑，品丽珠葡萄酒表现出燧石和草药的特征，小味儿多（Petit Verdot）葡萄酒则有一些花香。

1976 年的巴黎品酒会使美国葡萄酒一夜之间跻身世界顶级葡萄酒的行列，纳帕谷也从此成为膜拜酒（Cult Wine）的聚集地，量少价高按配额销售，使得纳帕葡萄酒成为继勃艮第后拍卖和投资的宠儿。

1.10.2　索诺玛产区红葡萄酒的特点

索诺玛郡（Somoma County，见图 1-33）位于纳帕谷西边，面积是纳帕谷的两倍。这里微气候多样，总体而言是地中海气候，夏季温暖干燥且昼夜温差明显，土壤类型也很多样。索诺玛郡的子产区划分比纳帕谷复杂，索诺玛山谷（Somoma Valley）只是索诺玛郡内的一个子产区。

图 1-33　索诺玛郡产区葡萄园景观

在受到海洋影响较大的产区如俄罗斯河谷（Russian River Valley），偏爱凉爽气候的黑皮诺是主要的红葡萄品种。在靠内陆稍温暖的产区如干溪谷（Dry Creek Valley）则以赤霞珠、梅洛和仙粉黛葡萄为主。干溪谷的老藤仙粉黛带有草莓酱、新鲜奶油和甘草的香气，是加利福尼亚州（State of California，简称加州）仙粉黛的典型代表。索诺玛的知名生产商包括全球第一大酒庄嘉露（E. & J. Gallo）以及肯德杰克逊酒庄（Kendall-Jackson）和山脊酒庄（Ridge Vineyards）等。

1.10.3 洛代产区红葡萄酒的特点

洛代（Lodi）产区在地理范畴上属于干燥炎热的中央谷地（Central Valley），但旧金山湾区的凉爽海风使那里的气候相对温和。这里也是加州最大的优质酒产区之一，最知名的要数老藤仙粉黛。老藤仙粉黛比索诺玛仙粉黛酿制的葡萄酒更为成熟浓郁，单宁也更多些。此外，洛代还出产梅洛和赤霞珠等红葡萄品种，是很多大品牌高品质混酿的果实原料基地。

1.11 智利和阿根廷产区红葡萄酒的特点

1.11.1 麦坡山谷产区红葡萄酒的特点

麦坡山谷邻近首都圣地亚哥（Santiago），是智利葡萄种植的发源地。它是中央谷地最北部的子产区，在出口市场最为知名。麦坡山谷属于温暖的地中海气候，这里的葡萄园大多在安第斯山（Andes Mountains）山麓和山谷的高地上。受到安第斯山脉的强烈影响，以种植赤霞珠、梅洛、品丽珠等波尔多品种为主。其中赤霞珠的种植面积占比 75% 左右。

产区东部的上麦坡（Alto Maipo）山谷被誉为品质最高的子产区，

贫瘠的砾石土壤和安第斯山夜晚的凉风使得这里出产的赤霞珠具有紧实的结构[①] 和成熟而优雅的黑果芳香，其所酿造的葡萄酒的陈年能力可以与法国一级名庄媲美。产区葡萄酒的典型代表是干露酒庄（Concha y Toro）的魔爵红（Don Melchor）和活灵魂（Almaviva，见图 1-34）。

图 1-34　智利酒王活灵魂

1.11.2　阿空加瓜产区红葡萄酒的特点

阿空加瓜（Aconcagua）位于南美洲最高峰阿空加瓜山（Mount Aconcagua）附近，产区酿造优质葡萄酒已有 150 多年的历史。北部的阿空加瓜谷主要种植红葡萄品种，占产区种植面积的 80%。赤霞珠是绝对的主力品种，近些年产区还开拓了西边的阿空加瓜海岸（Aconcagua Costa）产区，西拉和黑皮诺也被引进种植。伊拉苏酒庄（Viña Errazuriz，见图 1-35）是产区名家，酒庄庄主爱德华·伊拉苏（Eduardo Errazuriz）效仿巴黎评判（Judgement of Paris），在 2004 年举办了柏林品酒会（the Berlin tasting），会上伊拉苏葡萄酒一举夺魁。从此智利高端葡萄酒进入世界一流葡萄酒的行列。

图 1-35　伊拉苏酒庄葡萄园

① 结构，是专业品酒词汇，指一款酒香气以外的物质，比如单宁、酸度、单宁、酒精等。它可以用来描述风味、质地以外的口感，就如同描述建筑物一般，侧重表述内部框架的构造而非外形、材料。好的结构有助于增加葡萄酒的陈年寿命。

1.11.3 门多萨产区红葡萄酒的特点

门多萨（Mendoza，见图 1-36）是阿根廷最为知名的葡萄酒产区，在出口市场上占有绝对领导地位。产区海拔 900—1 500 米，由于安第斯山的雨影效应，气候温暖干燥，因此不容易产生霉菌和病虫害，使得有机种植很常见。夏季冰雹对葡萄园是个威胁，酒庄常常需要使用防冰雹网来应对。

图 1-36 门多萨葡萄园

门多萨约一半的面积种植红葡萄品种，主要是马尔贝克。此外，产区内也能见到梅洛、赤霞珠、伯纳达（Bonarda）和丹魄等品种。其中知名子产区卢汉德库约（Luján de Cuyo），拥有很多百年老藤马尔贝克。门多萨市南面的优克谷（Valle de Uco）有着优越的气候和土壤条件，出产高质量的马尔贝克，吸引了很多来自法国名庄的投资。

1.12　南非产区红葡萄酒的特点

1.12.1　斯泰伦博斯产区红葡萄酒的特点

几乎每个新世界酿酒国家都有一个产区对标法国波尔多，例如南非的斯泰伦博斯（见图 1-37）。

图 1-37　斯泰伦博斯葡萄园

它是南非最知名的红葡萄酒产区，位于西开普省（Western Cape），四周群山环绕，属于温和的地中海气候。受益于福尔斯湾（False Bay）的凉爽海风和强劲持久的“开普医生”风（Cape Doctor Wind）的干燥作用，斯泰伦博斯非常适宜红葡萄生长。

多样的海拔和朝向使得产区出产的葡萄品种多样，最有声望和潜力的赤霞珠和梅洛，占到产区种植面积的三分之二，常用来酿造波尔多风格混酿；西拉和皮诺塔吉（Pinotage）也是当地主要品种。知名酒庄包括炮鸣之地庄园（Kanonkop Estate）、勒斯滕堡酒庄（Rustenberg Wines）

和卡诺酒庄（Kanu Wines）等。

1.12.2　帕尔产区红葡萄酒的特点

帕尔（Paarl，见 1–38）位于斯泰伦博斯北部，受到海洋寒流影响较少，气候比斯泰伦博斯更加温暖，以出产高品质红葡萄酒闻名。帕尔也具有多山多朝向的特点，土壤种类比较多样。最好的葡萄园位于西蒙伯格山（Simonsberg）北部的坡地上。红葡萄品种以赤霞珠、西拉和皮诺塔吉为主，单一赤霞珠干红比斯泰伦博斯更具结构，也更饱满，而波尔多风格的混酿也非常受欢迎。知名的酒庄有尼德堡酒庄（Nederburg）和 KWV 酒庄（Ko-operatiewe Wijnbowers Vereniging Van Zuid Africa）等。

图 1–38　帕尔产区葡萄园

课后练习

一、单选题

1. 以下在法国著名产区波尔多种植的酿酒葡萄品种是（　　）。

（A）赤霞珠葡萄　　（B）巨峰葡萄

（C）水晶葡萄　　（D）马陆葡萄

2. 以下（　　）品种不是酿酒葡萄。

（A）西拉葡萄　　（B）赤霞珠葡萄

（C）歌海娜葡萄　　（D）巨峰葡萄

3. 西拉葡萄的品种特点是（　　）。

（A）有烂树叶的味道　　（B）有湿纸板的味道

（C）有下水道的恶臭味　　（D）有优雅的黑胡椒香气

4. 西拉葡萄品种的著名产区是（　　）。

（A）巴黎　　（B）罗纳河谷

（C）哈尔滨　　（D）威尼斯

5.（　　）适合种植赤霞珠葡萄。

（A）沙漠气候　　（B）极地气候

（C）冰川气候　　（D）温暖的海洋性气候

6. 歌海娜葡萄可以种植在炎热产区是（　　）。

（A）因为歌海娜需要的人工较多

（B）因为歌海娜不耐热

（C）因为歌海娜的酸度高

（D）因为歌海娜耐热

7. 歌海娜葡萄喜欢种植在（　　）。

（A）淤泥　　（B）沙漠

（C）厚冰层　　（D）带着云母颗粒的板岩

8. 教皇新堡产区的鹅卵石非常出名是因为（　　）。

（A）鹅卵石很贵

（B）教皇新堡没有别的土壤

（C）可以反射日光并且可以在晚上释放白天储存的热量有利于葡萄成熟

（D）当地人很喜欢收藏鹅卵石

9.（　　）适合建立葡萄园。

（A）海洋孤岛　（B）悬崖

（C）沙漠　（D）光照良好的山坡中段

10.（　　）适合种植高品质歌海娜葡萄。

（A）南极冰川　（B）戈壁滩

（C）北极冻土层　（D）阳光充足的山坡上

11. 以下属于勃艮第子产区的是（　　）。

（A）沈阳　（B）哈尔滨　（C）大连　（D）金丘

12. 勃艮第葡萄酒价格居高不下是因为（　　）。

（A）质量高，市场需求大　（B）没有人买

（C）质量太低　（D）酿酒水平太差

13. 卢瓦尔河谷没有的气候是（　　）。

（A）凉爽的海洋性气候　（B）半大陆性气候半海洋性气候

（C）凉爽的大陆性气候　（D）极地气候

14. 卢瓦尔河谷种植较多的是（　　）。

（A）品丽珠葡萄　（B）水果摊上的鲜食葡萄

（C）南汇西瓜　（D）水蜜桃

15. 南非斯泰伦博斯是（　　）世界种植面积最多的产区。

（A）无籽葡萄　（B）山葡萄

（C）水晶葡萄　（D）皮诺塔吉葡萄

16. 斯泰伦博斯的西拉风格（　　）。

（A）浓郁饱满，常用橡木桶陈酿

（B）寡淡无味

（C）欠缺香气

（D）口感粗糙

17. 以下（　　）产区没有老藤葡萄树。

（A）普里奥拉托　　（B）巴罗萨谷

（C）齐齐哈尔　　（D）麦克拉伦谷

18. 以下不是在意大利著名产区威尼托种植的酿酒葡萄品种是（　　）。

（A）科维纳葡萄　　（B）莫琳娜葡萄

（C）罗地内拉葡萄　　（D）美国提子

19. 以下属于威尼托子产区的是（　　）。

（A）重庆　　（B）武汉

（C）瓦波利切拉　　（D）广州

20. 皮埃蒙特用内比奥罗葡萄酿造的优质红葡萄酒大多是（　　）。

（A）适合煮着喝　　（B）陈年能力奇差无比

（C）陈年潜力强，单宁强劲　　（D）价格极其低廉

答案：ADDBD　DDCDD　DADAD　ACDCC

二、判断题

1. 帕尔产区不属于海洋性气候。（　　）
2. 门多萨种植最多的是马奶子葡萄。（　　）
3. 阿空加瓜是伊拉苏酒庄的发源地。（　　）
4. 麦坡山谷分为三个子产区。（　　）
5. 洛代在美国葡萄酒产区里属于很热的气候。（　　）
6. 索诺玛有非常复杂多样的土壤和地形。（　　）
7. 塑料桶可以用来熟化葡萄酒。（　　）
8. 压榨过度在顶级质量的葡萄酒里几乎不会发生。（　　）
9. 浸渍的作用是产生烂香蕉的味道。（　　）
10. 发酵是红葡萄酒不可或缺的步骤。（　　）

答案：对错对对对　对错对错对

第2章
白葡萄酒品鉴

2.1 白葡萄的品种特征

2.1.1 霞多丽葡萄的品种特征

霞多丽（Chardonnay，见图 2-1）是全球最受欢迎的白葡萄品种之一。它可以适应不同气候条件并随之展现不同魅力，因此被誉为“百变女王”。在凉爽的产区，比如法国沙布利会表现出超高的酸度以及青苹果和白梨等果味；在温和的产区，比如勃艮第的大部分地区，它会展现出柑橘和白桃等核果的香气；而在温暖或炎热的产区，比如新世界的大部分产区，它又展现出香蕉、芒果和蜜瓜等热带水果的气味。

图 2-1　霞多丽葡萄

霞多丽本身香气并不浓烈，所以经常用工艺来增加它的香气复杂度。苹果酸乳酸发酵会使它的酸度变得柔和并带有黄油和奶油的味道；与酒泥接触陈年可以使酒体更加饱满，带来饼干和面包的香气；橡木桶陈年则会带来香草和烘烤的味道。

全球最知名的优质霞多丽产区就是它的起源地——法国勃艮第，使用橡木桶发酵和陈年是常见手法，酒款风格深邃而优雅。霞多丽在新世界也是遍地开花，比较有名的产区有澳大利亚玛格丽特河，新西兰霍克湾，美国加州的卡内罗斯和俄罗斯河谷，智利利马里谷等。

2.1.2 长相思葡萄的品种特征

长相思（见图2-2）是最具特色的白葡萄品种之一。它是芳香型葡萄品种，典型果香包括青柠和醋栗，另外还有鲜明的青草和芦笋等植物气息。它在凉爽的产区更能表现其品种特性，过于温暖的产区会使长相思失去浓郁的口感和香气。

图2-2 长相思葡萄

大多数的长相思葡萄酒在酿造时不使用橡木桶，以追求清新的果味。不过，长相思也可以在橡木桶中短暂陈年，这样会使酒增加一些烤面包和香料的味道。最为典型的是来自加州的白富美（Fumé Blanc），它就是经过橡木桶熟化的长相思干白。然而大多数长相思不适合陈年，其新鲜的果香和典型香气会随着时间推移逐渐消失而显得平淡。长相思酸度较高，可以酿造甜白葡萄酒。在法国索泰尔讷（Sauternes）产区，长相思与赛美容混酿而成的贵腐甜白举世闻名。

干型长相思最著名的产区是法国卢瓦尔河谷子产区——桑塞尔（Sancerre）和普宜菲美（Pouilly-Fumé）。那里凉爽的气候赋予了长相思爽脆的酸度和明显的植物香气。法国波尔多混酿干白也大部分以长相思为主，果实大多来自两海间子产区。新世界优质长相思的代表毫无疑问是新西兰，其中马尔堡是最大的种植和出口产区，这里的长相思以百香果味为特色，果香极度纯净且富有穿透力。此外，智利的沿海产区如卡萨布兰卡（Casablanca）和圣安东尼奥（San Antonio），南非的沿海产区康斯坦蒂亚（Constantia）和埃尔金（Elgin）也都出产高质量的长相思。

2.1.3 雷司令葡萄的品种特征

雷司令（Riesling）原产于德国，是全球最受喜爱的白葡萄品种之一。它酸度高、皮厚，所以适合晚收。雷司令可以酿造成各种风格和甜度的葡萄酒。它没有草本味，一般展现出浓郁的花香、各种果香以及蜂蜜的味道。雷司令极高的酸度和丰富的果香有助于葡萄酒在瓶中陈年，并逐渐发展出标志性的汽油味道，非常具有辨识度。

德国是雷司令种植面积最大的国家，这里的雷司令风格多种多样。一般雷司令被归为优质葡萄酒（Qualitätswein）类别，通常为酒体轻盈的干型葡萄酒，果香清爽。在这个等级之上还有一个高级优质产区葡萄酒（Prädikatswein）级别，按照采摘时葡萄汁的含糖量分为珍藏（Kabinett）、晚收（Spätlese）、精选（Auslese）、果粒精选（Beerenauslese，简称 BA）、枯萄精选酒（Trokenbeerenauslese，简称 TBA）五个等级（见图 2-3）。

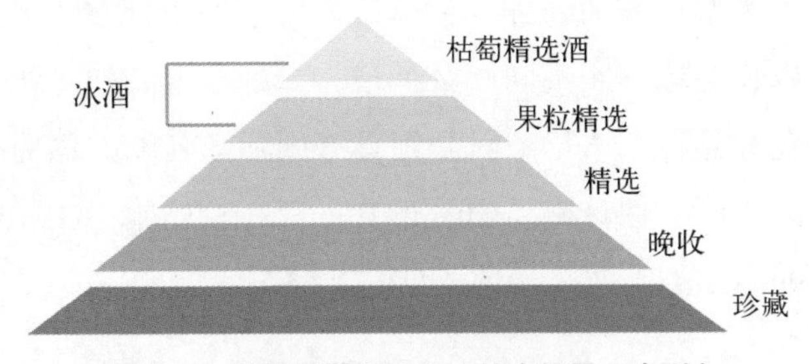

图 2-3　德国葡萄酒分级（按含糖量、类型）

珍藏、晚收、精选可以是干型到半甜型的葡萄酒，果香类型由淡到浓，可分为青苹果类、柑橘类和热带水果类，风味逐渐浓郁甜美，酒体也随之愈加饱满。雷司令果粒精选和枯萄精选酒，是用受到贵腐霉感染的葡萄酿成。雷司令还可以酿造冰酒（Eiswein），因不受贵腐菌的影响，所以会展现纯净的果香。

奥地利的雷司令（见图 2-4）与德国类似，被酿造成不同的风格和甜度的葡萄酒。法国阿尔萨斯雷司令一般为干型，酒体饱满，芳香浓郁。此外，澳大利亚克莱尔山谷（Clare Valley）、伊甸谷，新西兰的南岛都出产高质量的雷司令。

图 2-4　雷司令葡萄

2.1.4 其他白葡萄的品种特征

除了以上主要白葡萄品种，全球白葡萄品种还分为两类：一是国际品种，即可以在全球许多不同产区种植；二是本地品种，即仅限于某个特定产区的葡萄品种。本章节只介绍具有国际知名度的葡萄品种，包括赛美蓉（Sémillon）、白诗南（Chenin Blanc）、琼瑶浆（Gewürztraminer）和灰皮诺（Pinot Gris）四个品种（见图 2-5）。

（a） （b） （c） （d）

图 2-5 赛美蓉（a）、白诗南（b）、琼瑶浆（c）、灰皮诺（d）

赛美蓉是一种金色果皮的白葡萄品种，适合气候凉爽或温和的产区。赛美蓉的主要产区为法国波尔多，多用来与长相思混酿成干白葡萄酒和贵腐甜酒。赛美蓉在澳大利亚和新西兰等地也有种植，用于酿造风格多样、酒体轻盈、酸度较高的酒款，会散发植物类香气；温和气候下，所酿造的葡萄酒会带有油润口感，酒体更饱满。较晚采收的葡萄则会带有热带果味。赛美蓉葡萄酒可以使用橡木桶陈酿，以发展香草、吐司和坚果等香气。

白诗南是一种能保持稳定的高酸度品种。它和赛美蓉一样易感染贵腐菌，所以既能酿造酒体轻盈带有青苹果味的干型酒或各种带有柑橘和核果味的甜酒，也可以酿造有热带果味和果干风味甚至蜂蜜般甜美的甜酒。白诗南很少使用新橡木桶陈酿，但在陈年潜力优异的顶级酒款中可能略有使用。白诗南的主要产区包括法国卢瓦尔河谷和南非的海岸地区。

琼瑶浆是一种芳香型白葡萄品种，源自法国阿尔萨斯，并在欧洲许多国家种植，包括德国、意大利、奥地利和东欧诸国。该品种适合在凉爽或温和的产区生长，所酿酒款花香馥郁，以荔枝果味为特色。一般颜色偏深，酸度较低，酒体较为饱满，酒精度也比较高。晚采收类型会有甜香料和葡萄干的风味。该品种不适合橡木桶陈酿，经过瓶中陈酿会发展出生姜等香料或咸鲜的滋味。

灰皮诺虽然是一种白葡萄品种，但其实皮色较深，所以既可酿造白葡萄酒，也可以通过浸皮酿造桃红葡萄酒。它适合凉爽或温和的气候区域，以法国阿尔萨斯为最顶级的产区。所酿酒款通常酒体饱满，有辛辣的口感，带有热带水果、坚果和蜂蜜的滋味。新西兰和美国也偏好种植这一类型的灰皮诺。此外，灰皮诺在德国被称为“Grauburgunder”或“Ruländer”，在意大利称“Pinot Grigio”。两地酿造的灰皮诺葡萄酒风格类似，一般风味中庸，酸度较法国高，有内敛的柑橘和梨的果味，酒体轻盈，适宜趁酒款年轻时配餐饮用。

2.2 白葡萄的种植环境

2.2.1 适合白葡萄种植的气候条件

一个地区温度、日照与降雨在若干年间的平均年度变化代表了一个地区的气候。有些地区气候多变，有些地区气候则颇为平稳。白葡萄适合在温和或凉爽的地区（生长季年平均气温低于 18.5℃）生长，但有些白葡萄品种也能在温暖或较炎热的地区生长成熟。无论是地中海气候、海洋性气候还是大陆性气候都能种植白葡萄品种。在昼夜温差大、日照时间长的理想气候条件下生长的白葡萄，其果实既能完美成熟又能保留合适的酸度。

2.2.2 适合白葡萄种植的土壤类型

土壤为葡萄藤提供养分、水分和扎根的基础。土壤的颗粒大小决定了土壤的排水性能，颗粒越大，排水性能越好，一般认为排水性佳的土壤更容易出产浓缩风味的葡萄。土壤的颜色可以影响土壤对阳光的反射能力和吸收能力，从而决定土壤对热量的保留或发散能力，颜色越深则吸收能力越强，白色土壤例如纯石灰岩则更能反射热量。

就土壤颗粒大小而言，一般山坡上部颗粒较大，中间稍小，到山脚土质会更细。若靠近水源，水边的土壤颗粒会因水的冲刷而呈现更大的颗粒感，比如鹅卵石。土壤还会因地质活动而形成许多类别，例如火成岩类型的花岗岩、沉积岩类型的石灰岩等。这些不同类别的土壤特质（如内含的矿物质和腐殖质等），是风土的重要组成部分，被认为会影响葡萄酒的风味。白葡萄适合在各种土壤中生长，其中石灰质土壤被认为最为匹配，代表品种包括霞多丽和长相思。

2.2.3　葡萄园的选址对白葡萄种植的影响

葡萄园选址对葡萄种植非常关键。一些著名的葡萄园（见图 2-6），土地范围都由法律严格界定，并持续仔细研究勘探，以保证土壤的品质稳定。在选址时，应当考虑气候条件、周围环境以及商业因素，还要考虑适合种植的葡萄品种，特别是法定葡萄品种（当地法律法规明确提倡并予以保护的品种）。

图 2-6　建立在沙漠中的葡萄园

气候条件是指葡萄园所在地区拥有的自然气候条件，而环境因素则包括温度、降雨、日照时间、土壤的肥沃程度与排水性。商业因素则与葡萄园的运营成本、便利性、人员调配等有直接关系。如果位置特别偏僻、坡度特别陡峭，势必在运输成本和人工成本上需要更大的投入。此外土地价格也是需要考虑的一大因素，会直接影响最终葡萄酒的定价。

总之，在选择葡萄品种时，应主要考虑气候、土壤条件和商业因素，其他需要考虑的因素还包括葡萄园海拔，河流流经的轨迹和水速，山脉河谷走向以及山坡的朝向和坡度，运输便利性等。法定品种一般都经过长期筛选而得出，非常适合当地的土壤、气候条件。

2.2.4 葡萄园里的病虫害和自然灾害

葡萄园管理是一项颇具挑战性的工作，因为任何农作物都必须面对自然灾害和病虫害。

葡萄园中的病虫害分很多种，其中最致命的要数根瘤蚜（见图 2-7）病虫害，这种黄绿色小虫寄生在葡萄树根部，会造成葡萄树的死亡。19 世纪时，根瘤蚜虫病曾毁去欧洲大半的葡萄园，并扩展到全球，一度达到让葡萄园主闻之色变的程度。

图 2-7 感染了根瘤蚜虫病的欧洲葡萄园

另一种病虫害线虫也是危害比较严重的一类，会引起葡萄发生扇叶病，使叶片无法接受阳光，最终导致葡萄树无法正常生长，所产的葡萄也因过小而无法用来酿酒。此外，霜霉病（Downy Mildew）、白粉病（Powdery Mildew）、灰霉病等真菌类疾病以及皮尔斯病（Pierce's disease）也会对葡萄产生极为不利的影响。鸟类和哺乳动物也会对香甜的葡萄垂涎欲滴，成为葡萄园的盗食者，给葡萄园造成损失。

气候也是决定葡萄生长的重要因素。例如发芽比较早的葡萄品种就有可能遭受春霜的侵袭，而强风、冰雹、干旱以及过量的雨水都是葡萄无法承受的伤害。不过，不同的葡萄品种，有些耐寒、抗旱，有些偏爱温热的环境，因此在选择品种时都需考虑这些因素。

此外，由于全球变暖的影响，极端气候的出现已经成为葡萄园管理面临的新的严峻挑战。

2.3　白葡萄酒的酿造

2.3.1　发酵对白葡萄酒的影响

与红葡萄不同，白葡萄在发酵前一般要尽早进行果肉和果皮的分离（见图 2–8），确保果皮中带有苦味的多酚类物质尽可能不进入汁液中，以保持果实的纯净新鲜，防止氧化而产生杂味。

图 2–8　白葡萄酒的发酵

一般而言，发酵原料包括自流汁和压榨后获得的葡萄醪，其中自流汁被认为品质更佳。它的种种获取方法都是为了让汁液的风味更纯净精致，减少果皮中释出的多酚类杂味。

葡萄醪中可能含有果皮和果肉等发酵时不期望包含的物质，因此必须进行澄清过滤，否则有可能导致发酵过程不正常，或产生令人不悦的风味。澄清过滤的程度则由酒庄酿酒师决定。相比完全澄清的汁液，稍含固体物的葡萄醪会酿成口感更饱满复杂，也不易氧化的酒。

白葡萄酒的发酵温度一般要保持较低的水平，介于12—22℃（也有说法认为可以介于15—20℃）为宜，因为高温会加速氧化反应，使新鲜的果味丧失。不过适度加温可以增加复杂度。过低的温度会使酒发展出香蕉、菠萝、梨味糖（pear drop）等酯类物质的风味，使酒千篇一律，缺乏个性。

白葡萄酒的发酵容器可以选择带有温控设备的不锈钢发酵槽或是比较传统的橡木桶。不锈钢发酵槽易于清洁控温，有利于酿造纯净、新鲜的酒款。橡木桶虽然无法进行温控，但在凉爽的环境中，例如地下酒窖，同样可以进行有效散热。不过相比较为现代的不锈钢设备，橡木桶发酵的温度总是略高一些。近年来，将发酵温度适当提高的情况越来越常见。在橡木桶中发酵的好处在于可以将桶和酵母中的多酚类物质带到酒中，使口感风味更复杂、更有层次。

在接近发酵完成时，无论是不锈钢还是橡木桶的发酵设备，底部都会有死去或依然存活的酵母细胞以及果皮细胞，被称为“酒泥（Lees）”。有些白葡萄酒会进行酒泥陈酿过程，目的是增加酒的复杂性，略微增添一些烘烤面包以及饼干屑的风味。这些酒会和酒泥共存数月，法律也有明文规定这类酒的上市时间。

2.3.2 白葡萄酒的苹果酸乳酸发酵

当酒精发酵即将或已经结束时，白葡萄酒可以有选择地继续进行苹果酸乳酸发酵。一般酒中的苹果酸口感会比较尖锐，但酸度不持久，而当乳酸菌接触苹果酸，并将之转化为乳酸之后，酒的口感会更柔顺，酸度也会更稳定，这一过程中产生的二氧化碳会挥发到空气中，但若已装瓶，则会在瓶中形成小气泡。经历这一阶段的白葡萄酒酒体会更为饱满，尝起来顺滑绵密。不过第一阶段酒精发酵之后的酒液必须具有足够的酸度支撑，否则在苹果酸乳酸发酵之后，酒的口感会显得非常绵软无力。有些葡萄酒款为了展现爽脆的风格，更多具备苹果酸的清爽特性，会人为地避免苹果酸乳酸发酵的自然发生，具体做法是将酒保存在低温环境中降低乳酸菌的活力，并添加二氧化硫将其灭除。

2.3.3　白葡萄酒的压榨

葡萄储存风味最多的部分是果皮下方最接近果肉的那部分细胞，所以压榨程序既是为了获取供发酵的葡萄醪，又是为了获取这些带来香气和风味的物质。

葡萄醪是相对自流汁而言的。自流汁被认为是最佳的发酵原料，一共分两种。一种是针对芳香性品种，指去梗以后被小心捣碎的葡萄，与果皮短暂接触后自然流出的汁液，未经外力压榨。温度的高低决定汁液与果皮接触时间的长短。在低温状态下，皮中的多酚不会轻易释出，减少酒中令人不悦的风味，同时也有温控保鲜的作用。另一种是将整串葡萄未经捣碎直接放入压榨机，对其轻柔地施加压力。这种方式获取的汁液也会非常纯净，避免了氧化，会使口感更为精致细腻。之所以要轻柔地施压是为了避免葡萄籽中带有苦味的多酚类物质混入葡萄醪中。

2.4　白葡萄酒的陈年与熟化

2.4.1　熟化容器对白葡萄酒的影响

市场上的大多数白葡萄酒表现的是清新易饮的风格，并不适合陈年，应当尽早饮用。但在一些少数适合陈年的白葡萄酒酿造过程中，却需要进行一些缓慢氧化，因为这种氧化能让白葡萄酒质感更柔顺圆融，并增添复杂的风味。而熟化容器的选择在一定程度上能影响氧化的程度，并左右酒的最终风格。

一般常见的熟化容器包括不同尺寸的橡木桶（见图 2-9）、不锈钢罐，还有各种或古老或现代的容器，例如和古希腊罗马时代一样的陶罐（amphora）、造型独特的混凝土蛋形发酵罐（concrete egg），甚至玻璃器皿等。

图 2-9　白葡萄酒在橡木桶中熟化

橡木桶在使酒缓慢氧化过程中有助于酒色的澄清和稳定，能为酒带来丰富的滋味，但因造价高昂，成为高端葡萄酒最常见的熟化方式（酿酒师也会在酿造低端葡萄酒时使用橡木条、橡木片甚至橡木粉来模拟这种效果）。氧气可以通过橡木桶的气孔或在换桶时接触到紧致强劲的单宁，然后使它们逐步凝结，最终沉淀到底部，达到柔化口感的目的。

橡木桶的产地、纹理、烘烤程度和新旧都会给酒带来不同特色。目前最常被采用的是法国橡木桶和美洲橡木桶。一般来说，法国橡木桶会使酒更加优雅细致，散发香草、丁香、烘烤等香气，而美国橡木桶会使风味趋于绵密柔润，会有奶油、椰子等鲜明的香气。由于两者的材料、制作工艺不同，法国橡木桶价格会更为昂贵。与旧桶相比，新橡木桶一般会对酒的风味产生更大的影响，若是希望保留更多酒的原本风味，使用旧桶熟化是比较合理的选择。

一般新桶在使用 3—4 次以后几乎就不会再对酒的风味有影响，使用大尺寸的（旧）橡木桶也同样可以达到减少风味干预的目的。

以果味清新为酿造风格的葡萄酒更倾向于表现新鲜易饮的风格，因此带有温控设备的不锈钢罐更受青睐。首先，它隔绝了氧气的影响，可以保存清新爽口的果味，虽然有可能因缺氧发生还原反应，但造价远低于橡木桶，因而在成本控制上占有优势。其次，它易于清洁消毒的特性也为酿酒师所喜爱，是符合现代卫生观念的容器。同样具有易清洁特性的，还有造价更低廉的玻璃制容器，但一般只会在葡萄酒熟化完成以后用来存酒。

更小众一些的陶罐和混凝土蛋形发酵罐则各有千秋。前者比较少见，属于一种文艺复兴式的操作，酒在经过陶罐熟化后风味细腻且不会有橡木桶的木质香气，属于缓慢微氧化风格的容器。后者价格极为昂贵，在法国波尔多、澳大利亚等许多地方都颇为流行，原因是酿酒师们认为这种容器可以在发酵和熟化过程中保留果味却不用借助外力降温，也基本不会发生还原反应，而且口感也因容器内毫无棱角的环境更为顺滑融合。

总之，熟化容器都应与葡萄品种，所要酿造的风格以及各种社会与环境气候因素相匹配。

2.4.2 熟化时间对白葡萄酒的影响

熟化一般包含两个阶段：一是在酿造完成到装瓶前的时间段，二是在装瓶后到开瓶饮用的阶段。在装瓶前，若想更多保留酒的果味，可以选择在密闭容器中熟化数月，以避免氧气的影响。不过，具备陈年潜力的酒液可以在与氧气接触后增添更多风味。

在适饮期内，白葡萄酒陈年时间越久，氧化程度越高，酒的颜色就越深，会从柠檬色逐渐演变为金色，甚至橘色，并会发展出果脯、坚果、蜂蜜等复杂诱人的风味。低温环境下，白葡萄酒若经过较长时间的陈年会产生酒石酸（tartaric acid）沉淀，这个物质在白葡萄酒中会呈无色晶体状，但对酒质无影响。若酒不适合陈年，也可以通过装瓶前突然降温至零度以下让酒石酸结晶提前形成，并进行过滤。

2.5 法国产区白葡萄酒的特点

2.5.1 波尔多产区白葡萄酒的特点

波尔多（见图 2-10）是法国最为著名的葡萄酒原产地保护（Appellation d'origine Protégée，简称 AOP）区域。该地位于法国西南部，濒临大西洋，属于海洋性气候。由于纬度较高，该地本不适宜葡萄生长，但北大西洋暖流改变了当地的气候条件，使葡萄果实能够成熟并成为著名的葡萄酒产区。该地受海洋影响而导致年均降雨量较多（950 毫米左右），且气候多变致使不同年份葡萄酒品质的差异较为明显，因此顶级酒庄都会进行非常严格的果实筛选。

图 2-10 波尔多的葡萄园

波尔多的土壤类型多样，不同土质决定了葡萄园能够种植的葡萄品种。就白葡萄而言，当地法定白葡萄品种以赛美蓉和长相思为主，慕斯卡德（Muscadelle）和灰苏维翁（Sauvignon Gris）为辅。

波尔多的白葡萄酒分为干型和甜型两种。干型酒一般会将长相思和赛美蓉进行混酿，采用不锈钢温控酒槽，尽量避免苹果酸乳酸发酵从而保留更爽口的酸度和新鲜果味。高端酒常用新橡木桶发酵和熟化，酒体更为饱满圆润，会展现坚果等诱人的香气。由于潮湿的气候影响，甜型酒主要以受到贵腐菌感染的赛美蓉葡萄酿造，会展现杏脯、蜂蜜和坚果的丰富风味，顶级的酒常常可瓶中陈年数十年之久。

2.5.2　勃艮第产区白葡萄酒的特点

勃艮第（见图2-11）位于法国东北部，其古老的葡萄酒酿造史可追溯至古罗马时代。由于纬度较高，气温偏低，又地处内陆，因此具有凉爽的大陆性气候特征。气候变化比海洋性气候更为明显，冬季寒冷，春季可能会遇到冰雹霜冻，夏季炎热，秋季则会受到一些海洋性气候的影响，因而在接近收获季时降雨较多，不利于采收。当地的代表性土壤为石灰质黏土，适合种植霞多丽葡萄。

图2-11　勃艮第的葡萄园

由于霞多丽的品种发源地就在勃艮第，产量也达到了白葡萄总产量的 50% 左右，所以霞多丽也是勃艮第最为重要的白葡萄品种。用霞多丽酿成的葡萄酒风格多样，这里也引领着全球诸多酿造技术。除此之外，勃艮第的白葡萄品种还有阿里高特（Aligoté），主要用于酿造风味简单、酒体清瘦和酸度较高的干白葡萄酒。

2.5.3 阿尔萨斯产区白葡萄酒的特点

阿尔萨斯（见图 2−12）地处法国东北角，东以莱茵河（Rhein）为界与德国相望。西面的孚日山脉挡住了海风中的水汽，使其因雨影效应成为法国最干燥的地区，又因属于凉爽的大陆性气候，夏季虽晴朗却时有冰雹和暴风雨，冬季也有可能因为低温而使葡萄休眠，不过采收季节凉爽而少雨。

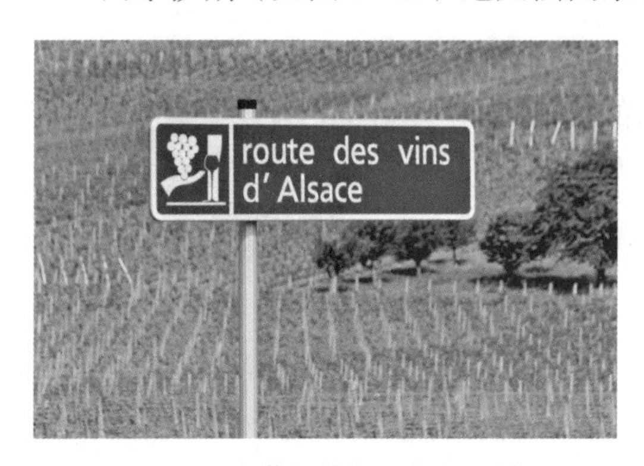

图 2−12 阿尔萨斯的产区种植区域标识

由于阿尔萨斯两度归于德国管辖，因此深受德国文化影响。此外与德国一样地处寒冷凉爽产区，所以阿尔萨斯主要种植白葡萄品种，占比逾 90%。阿尔萨斯土壤类型多样，包括沙土、花岗岩、黏土、泥灰岩、石灰岩、片岩和片麻岩等。

阿尔萨斯有四个贵族品种，其中雷司令种植面积最广。与德国不同，阿尔萨斯的雷司令主要以酒体饱满的干型酒为主，酒精度也偏高，散发浓郁的燧石矿物气息。

琼瑶浆也是阿尔萨斯优质酒款的代表，以荔枝、玫瑰和甜美烘烤味为主，酸度不高，酒精度通常却不低。晚收型酒款更多散发热带果味和烟熏余味。

灰皮诺酒体也偏饱满丰腴，酒精度高，香气较琼瑶浆内敛，但口感浓郁，层次丰富，以桃子、油桃、蜂蜡等风味为主，一般有些许残糖，以半干型酒为主。

另外麝香葡萄也属于贵族品种，以小粒麝香（Muscat Blanc à petits grains）为主，所酿酒款大多为干型，很少用来酿造价格昂贵的晚收型甜酒和贵腐选粒甜酒（Sélection de Grains Nobles）。

2.5.4　卢瓦尔河谷产区白葡萄酒的特点

卢瓦尔河是法国最长的河流，但是葡萄园却都聚集在河流汇入大西洋的最后几百公里处，北临干邑（Cognac），西接勃艮第，距离巴黎约2小时车程。葡萄酒酿造历史和法国许多地区一样，可以追溯到古罗马时代。卢瓦尔河谷（Loire Valley）的酒庄总数超过4 000家（见图2-13）。不同子产区的气候各有区别，既有凉爽的大陆性气候，也有温和的海洋性气候；土壤类型也各有不同，因此葡萄酒风格多样。白葡萄酒占产区产量一半以上，从轻盈酸爽的干白到丰腴肥美的甜酒应有尽有。

图2-13　尼古拉·卓利（Nicolas Joly）酒庄的经典酒款

白葡萄品种以长相思和白诗南为主。这里的长相思用来酿造高酸度的干型白葡萄酒。白诗南则更多元，根据采收时葡萄的成熟度，它既可以酿造干型酒，也可以酿造各种残糖量不等的甜酒以及贵腐酒。风味则根据不同类型改变，可以是酸度较高的苹果或芬芳的小白花，也可以是桃杏或热带果味等。白诗南甜酒陈年潜力惊人，部分酒款能够瓶陈数十年，发展出蜂蜜、吐司或干草的气息。此外，勃艮第香瓜（Melon Blanc）也是法定品种，用于酿造干型酒，部分子产区的酒款规定必须经过酒泥陈酿。

2.6 意大利产区白葡萄酒的特点

2.6.1 皮埃蒙特产区白葡萄酒的特点

皮埃蒙特位于意大利西北部，是意大利最大的葡萄酒产区，且全部子产区都位列法定产区（DOC）以上级别。这里受到阿尔卑斯山雨影效应影响，因此降雨量较少。不过大陆性气候使得冬季严寒，夏季则可能发生冰雹等自然灾害。由于产区以生产红葡萄酒和起泡葡萄酒（可简称为起泡酒）为主，所以白葡萄酒产量较小，仅在东南部有意大利本土品种柯蒂斯（Cortese）酿造的保证法定产区（DOCG）白葡萄酒。该产区酿造的葡萄酒加维（Gavi），以高酸和花香为特色，色泽浅淡酒体轻盈，多数酒款适宜尽早饮用，但也有少部分优质酒可瓶陈若干年。此外还有一度濒临灭绝的阿内斯（Arneis，见图 2-14）品种，所酿酒款酒体饱满，香气内敛，会带有成熟的梨和核果滋味。

图 2-14 濒临灭绝的品种阿尔尼斯

2.6.2 威尼托产区白葡萄酒的特点

威尼托（见图 2-15）是意大利产量最大的葡萄酒产区，大部分优质子产区都集中在山区地带。总体而言，威尼托属于温和的大陆性气候，阿尔卑斯山挡住了北部的寒风，也使南部亚得里亚海的热空气无法继续北上，南部的加尔达湖（Lago di Garda）则调节了当地的气候，使靠近水源的区域四季变化更温和，降雨量越往北越多。

图 2-15 威尼托产区

大区级别的白葡萄酒一般使用灰皮诺和霞多丽以及其他若干本土品种酿造。其产量大，产值却低。波河（Po）附近山区的优质葡萄园则因石灰岩、黏土和火成岩的天然冷凉特性，延长了生长季，使得葡萄既能完全成熟又能保留酸度。除了酿造起泡酒的格雷拉（Glera）葡萄，卡尔卡耐卡（Garganega）是主要的白葡萄品种，以它为主的干白葡萄酒一般酸度较高，酒体中等，具有红苹果、核果以及些微白胡椒的风味。顶级酒款可能会有杏仁和蜂蜜的滋味，受橡木桶的影响非常少。其中阿尔卑斯山脚下的葡萄园最为优质。

2.7 西班牙产区白葡萄酒的特点

2.7.1 里奥哈产区白葡萄酒的特点

里奥哈产区位于西班牙北部，葡萄园分布在埃布罗河两岸，地跨 3 个区域，共辖 3 个子产区，其中最优质的部分都属于海洋性气候区。不过产区北部的坎塔布里亚山脉（Cantabrian Mountains）为它阻挡了大西洋最恶劣的寒湿气流，使降雨减少，气候温和，适合葡萄生长，加上海拔介于 500—800 米之间，因此葡萄也能保有酸度。

一部分产区受大陆性气候影响，时有干旱问题发生。产区主要生产红葡萄酒，白葡萄酒有 8 个法定品种，其中以维尤拉（Viura，见图 2-16）种植最为广泛。由于氧化风味浓郁的传统里奥哈干白不再受欢迎，如今的里奥哈干白更多展现果味和新鲜易饮的特质，以不锈钢罐低温发酵保存是常见的手法。不过，部分酒庄也使用橡木桶发酵白葡萄酒，而且更多使用传统的法国橡木桶而非美国桶，前者对酒的影响更细致、内敛。

图 2-16 维尤拉葡萄

2.7.2　下海湾产区白葡萄酒的特点

下海湾（Rias Baixas）位于西班牙靠近大西洋沿岸的地区，气候温和潮湿，因此葡萄树必须通过特殊的棚架种植方式减少潮气对葡萄的影响。当地以白葡萄种植为主，代表品种是酸度很高的厚皮品种阿尔巴利诺（Albariño），厚皮有助于抵挡潮湿天气带来的霉菌侵害。所酿酒款一般都会具有新鲜爽脆的特质，极少受橡木桶影响，会展现柑橘和核果的风味。若增加些许橡木桶影响或进行搅桶（搅拌酒泥），也可以酿成口感更为饱满的类型。

2.8　德国产区白葡萄酒的特点

2.8.1　弗兰肯产区白葡萄酒的特点

弗兰肯（Franken，见图 2-17）位于德国巴伐利亚州（Freistaat Bayern），属于温和的大陆性气候，夏季温暖，冬季寒冷，甚至春天有时也低于 0℃，但是美茵河（Main）起到了一定调节平衡作用。当地白葡萄品种的种植面积达到 80% 以上。其中经典品种西万尼（Sylvaner）开花和发芽都很早，容易遭受霜冻影响，所以都种植在最温暖的地区，果实味道往往比德国其他地区都要浓郁，且用标志性的大肚酒瓶（Bocksbeutel）盛装。土壤主要以石灰岩、砂土等沉积型土壤为主。顶级酒款一般为干型，口感饱满并带有泥土气息。此外，米勒 - 土高（Müller-Thurgau）葡萄也有少量种植。德国名庄联盟（Verband Deutscher Qualitäts Und Prädikatsweingüter，简称 VDP）也生产各种白葡萄品种酿造的干型白葡萄酒，包括雷司令、西万尼和灰皮诺（德语为 Grauburgunder）等。

图 2-17　弗兰肯地区葡萄园

2.8.2　摩泽尔产区白葡萄酒的特点

摩泽尔的葡萄种植历史同样可追溯至古罗马时代。尽管摩泽尔纬度高，地处气候凉爽的产区，但因摩泽尔河的气候调节作用，使其成为德国最温暖的地区之一，四季气候变化温和，冬季凉爽，夏季温暖。摩泽尔河谷面向南面的葡萄园因日照时间长，加上板岩的热量调节能力，因而能满足葡萄生长成熟的需要。土壤种类以标志性的黑色板岩为主，也有红、蓝色板岩及少量介壳灰岩、泥灰岩等。

雷司令在当地具有压倒性优势，其中中部摩泽尔（Mittelmosel）的葡萄酒品质最负盛名。顶级葡萄园都建立于河边极端陡峭的板岩斜坡上。海拔越低，越靠近河岸的葡萄园，因湿度高而适合贵腐菌的生长，出产的葡萄可用于酿造甜酒。而酿造干型酒的葡萄则可能来自陡坡的中部。相较其他产区，这里的雷司令酒体最为轻盈，酸度更高，酒精度更低，以芬芳花香和爽脆的青苹果等风味为主，矿物感细腻，大部分酒会有残糖。其中残糖量最高的三个级别为果粒精选、冰酒和枯藤逐粒精选。它们酒款产量稀少，非常珍贵，通常以小瓶盛装。

2.8.3　莱茵高产区白葡萄酒的特点

莱茵高（Rheingau）产区南以莱茵河与美茵河为界，北以陶努斯山（Taunus，见图 2-18）为天然屏障，形成一个小型的精品酒产区。葡萄园大多面向南部，以获取更多的阳光。

图 2-18　陶努斯山

雷司令葡萄占据绝对优势地位，种植比例超过 75%。当地以沉积型土壤为主，包括泥灰岩、砾石或砂土等。莱茵高产区的温度与日照时间长度都要稍高于摩泽尔产区，尤其是产区东部，因此葡萄的成熟度也更高。雷司令的酒体较摩泽尔更饱满，有独特的成熟桃子等核果风味。潮湿虽然是一大问题，不过湿气有助于贵腐菌生长，因此德国部分顶级逐粒精选和枯藤逐粒精选都来自于此，它也是德国晚收型甜酒的诞生地。

2.8.4　普法尔茨产区白葡萄酒的特点

普法尔茨是德国第二大葡萄酒产区，南与法国阿尔萨斯接壤，气候也有些类似，都位于孚日山脉雨影区。它在德国的延续被称为哈尔特山，是德国最干燥的产区，地形狭长，拥有世界上最大的雷司令葡

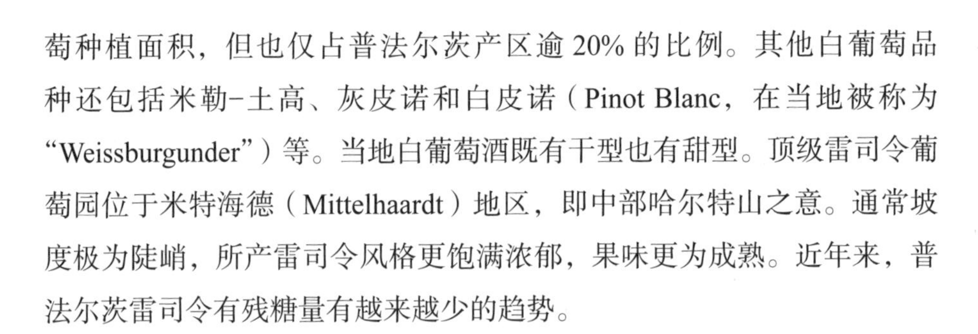

萄种植面积，但也仅占普法尔茨产区逾 20% 的比例。其他白葡萄品种还包括米勒-土高、灰皮诺和白皮诺（Pinot Blanc，在当地被称为“Weissburgunder”）等。当地白葡萄酒既有干型也有甜型。顶级雷司令葡萄园位于米特海德（Mittelhaardt）地区，即中部哈尔特山之意。通常坡度极为陡峭，所产雷司令风格更饱满浓郁，果味更为成熟。近年来，普法尔茨雷司令有残糖量有越来越少的趋势。

2.9 澳大利亚和新西兰产区白葡萄酒的特点

2.9.1 玛格丽特河产区白葡萄酒的特点

玛格丽特河产区位于澳大利亚西部沿海，是澳大利亚著名的葡萄酒产区。受印度洋的影响，这里属于典型的温和性海洋气候，与法国著名产区波尔多十分相似，年均降雨量达到 1 150 毫升，但与波尔多不同的是，其降雨集中在冬季。

玛格丽特河产区白葡萄酒的名声主要来自南部，著名的酒庄有露纹酒庄（Leeuwin Estate，见图 2-19）、皮埃罗酒庄（Pierro）、慕丝森林酒庄等。

图 2-19　玛格丽特河

这里最流行的白葡萄品种是霞多丽，酿造工艺多样，往往会体现出浓郁的核果类芳香，并且具有明显的酸度。苹果酸乳酸发酵通常是各酒庄会采用的一种方式，以增加复杂度，并体现霞多丽风格的多样性。另外两个流行的是典型的波尔多品种——赛美容和长相思，但在这个地区以这两个品种酿造的白葡萄酒会更多地展现出热带水果香气，同时具备较高酸度。

2.9.2　猎人谷产区白葡萄酒的特点

猎人谷产区（见图 2-20）毗邻悉尼，在这个澳大利亚最发达的城市以北仅 160 千米处。由于开垦较早，这里很早就成为新南威尔士州（New South Wales）的葡萄酒中心。由于地理位置比较靠北，这里天气非常炎热，而且降雨集中在采收季节，所以这里的葡萄容易感染霉菌。为了躲避这种阴雨天气，葡萄往往会被提前采收，从而造就了这个产区在全球独一无二的葡萄酒风格。

图 2-20　猎人谷产区葡萄园

这里著名的白葡萄品种为赛美容，通常会在没有完全成熟时采收，酿成的白葡萄酒酒精度往往只有 10.5%，却有着十分明显而且爽脆的酸度。在短期内饮用会平淡无味，但如果陈年后再饮用，常会出现蜂蜜、干果以及非常迷人的香料味道，口感也会顺滑圆润，是具有独特风味和风格的白葡萄酒，在全球享有盛名。

2.9.3 马尔堡产区葡萄酒的特点

马尔堡（见图 2-21）位于新西兰南岛北部，是新西兰最重要的白葡萄酒产区，全新西兰有一半的葡萄酒庄位于该产区。由于特殊的地理环境，这里受明显的海洋性气候影响，凉爽的夜间气温，加上特别充沛的阳光照射，所以非常适合种植白葡萄品种，葡萄园面积超过 1 000 公顷，占到新西兰全国葡萄种植面积的近 60%。

图 2-21　马尔堡产区葡萄园景观

马尔堡产区分为北边的怀劳河谷与南部的阿沃特雷谷。怀劳河谷比较开阔平坦，吸引了许多投资者；而南部的阿沃特雷谷更加干燥一些，气候也更加凉爽，这里的葡萄酸度会更高。

长相思是新西兰当之无愧的明星级品种，而马尔堡则是新西兰长相思经典风格的发源地。由于两个谷地气候与土壤的差异，这里的白葡萄酒往往会采用将各个小产区的葡萄进行混酿的做法，以保证风格的一致性。除此之外，霞多丽在这里也被广泛地种植，雷司令和灰皮诺也有种植。

2.10　美国加拿大产区白葡萄酒的特点

2.10.1　纳帕谷产区白葡萄酒的特点

纳帕谷是美国最核心的高质量葡萄酒产区，红白葡萄酒都享有盛名。位于加州北部的马雅卡玛丝山脉和瓦卡山脉之间，是一块狭长的地块，南北长 50 千米，宽仅 5 千米。葡萄园占地 1 800 公顷，虽然只占整个加州葡萄园面积的 4%，但却贡献了五分之一的产值。山谷比较干燥，许多葡萄园需要灌溉。从海岸边可以吹进山谷凉爽的雾气，得以调节这里原本比较炎热的气温。

这里有许多著名的 AVA 产酒区（American Viticulture Areas，美国葡萄酒产地制度，大小不等），比如非常著名的拉瑟福德 AVA、奥克维尔（Oakville）AVA、杨特维尔（Yountville）AVA 和维德山（Mount Veeder）AVA。

这里最著名的白葡萄品种为霞多丽。值得一提的是，产自蒙特莱那酒庄（Chateau Montelena，见图 2−22）的霞多丽在 1976 年的巴黎品酒会上战胜法国酒一举夺魁，成为当时全球葡萄酒行业最大的新闻，从而建立了纳帕谷白葡萄酒的名声。当然这里的长相思葡萄酒也非常出色。

图 2−22　1976 年蒙特莱那酒庄的经典酒款

2.10.2 安大略产区白葡萄酒的特点

安大略省（Ontario）是加拿大规模最大也是最重要的葡萄酒生产地，省内因为有尼亚加拉（Niagara）这样的著名产区而闻名于世。区内安大略湖（见图 2-23）、尼亚加拉河等大面积水域起到了十分重要的气候调节作用，使得这里的葡萄能够不被寒冷天气影响。

图 2-23 安大略湖

冰酒（icewine / ice wine）是加拿大获得辉煌名声的主要原因，安大略省的冰酒产量达到每年 50 万升，是绝对的核心产区。这里用来酿造冰酒的主要葡萄品种是香气浓郁的威代尔（Vidal），当然雷司令也被广泛采用。

2.11 智利和阿根廷产区白葡萄酒的特点

2.11.1 卡萨布兰卡产区白葡萄酒的特点

卡萨布兰卡位于智利中部产区偏北，介于圣地亚哥与瓦尔帕莱索港

（Valparaíso，见图 2-24）之间。由于临近海岸，在海风的影响下，气候非常凉爽，一度被认为不适合种植葡萄。但事实证明，这里可以出产质量非常高的白葡萄酒，目前这里吸引了几乎所有智利的著名产酒集团来此设园建厂，卡萨布兰卡已经成了智利白葡萄酒的代名词。

图 2-24　智利瓦尔帕莱索港口

本地区常见的葡萄酒风格是芳香并且具有较高的酸度，由长相思酿造的白葡萄酒已经开始享有盛誉，但霞多丽也因为市场需求巨大而被广泛种植。由于灌溉问题，这里的种植成本高于智利的其他所有产区。

2.11.2　卡法亚特产区白葡萄酒的特点

卡法亚特（Cafayate）位于阿根廷北部著名葡萄酒生产省份萨尔塔省（Salta），是世界上平均海拔最高的葡萄酒产区。由于从海洋吹来的湿冷空气被安第斯山脉阻挡，这里是典型的大陆性气候，特征是日夜温差较大。因为没有潮湿空气的影响，充沛的阳光能保证果实的成熟。由于气温较为凉爽，所以非常适合白葡萄品种的生长。

这里著名的白葡萄品种是特浓情（Torrontés），也是阿根廷最具有代表性的白葡萄品种，有着特殊的花香，酸度较高，在阿根廷国内和国际上都非常受欢迎。除此以外，一些国际品种如霞多丽、长相思等也开始被广泛种植。

2.12 南非产区白葡萄酒的特点

2.12.1 开普产区白葡萄酒的特点

西开普省（见图 2-25）位于南非的西南部，是南非最大最重要的葡萄酒产区，占到全国葡萄酒产量的 90%。由于受到来自南极的本格拉寒流影响，开普地区的气候相对比较凉爽，非常适合白葡萄品种的生长。著名的产区有斯泰伦博世、康斯坦蒂亚等。

图 2-25 西开普景色

白诗南作为南非标志性的白葡萄品种，在这里被普遍种植，甚至一度达到 20% 的种植量，但随着市场需求的多样化，许多白诗南葡萄藤被拔起而改种了其他品种，但该品种仍然是当地最为重要的白葡萄品种。其他让南非在国际上逐渐获得声誉的白葡萄品种还有长相思、霞多丽等。

现在南非的白诗南呈现两种风格：一种是传统的新鲜易饮风格，不经过橡木桶陈年熟化，在最短的时间内投放市场；另一种则是代表新的酿酒风格，经过新橡木桶的陈年与熟化，香气更为复杂浓郁，更有层次感。

2.12.2　康斯坦蒂亚小产区白葡萄酒的特点

康斯坦蒂亚小产区（Constantia Ward）是南非最古老的葡萄酒产区，且不属于任何大区，拥有 350 多年历史。这里是南非葡萄种植和葡萄酒酿造的发源地，在南非的历史上占有十分重要的地位，至今仍然有酒庄沿袭着当年的传统，酿造古老的康斯坦甜白葡萄酒（Vin de Constance），在国际上非常出名。

一种被称为“开普医生”的凉爽季风会影响这里的气候，所以这里非常适合种植白葡萄品种，如长相思、麝香葡萄。麝香葡萄是这里最古老的品种之一，被用来酿造古老的康斯坦蒂亚甜酒。

课后练习

一、选择题

1. 著名白葡萄品种霞多丽葡萄不能酿造（　　）。

（A）红葡萄酒　　（B）白葡萄酒

（C）起泡酒　　（D）加强酒

2. 霞多丽葡萄不可以种植在（　　）条件下。

（A）温和的地中海气候　　（B）凉爽的海洋性气候

（C）凉爽的大陆性气候　　（D）冰川气候

3.（　　）品种不是芳香葡萄。

（A）维欧尼葡萄　　（B）长相思葡萄

（C）雷司令葡萄　　（D）巨峰葡萄

4. 雷司令葡萄的著名产区是（　　）。

（A）上海　　（B）摩泽尔

（C）宁夏　　（D）齐齐哈尔

5. 著名产区马尔堡种植长相思葡萄的土壤是（　　）。

（A）水稻田　　（B）悬崖

（C）肥沃的冲积土　　（D）泥地

6. 霞多丽葡萄在石灰岩上生长的典型例子是（　　）。

（A）大阪　　（B）齐齐哈尔

（C）勃艮第　　（D）东京

7. 如果白葡萄藤感染病毒，需要（　　）。

（A）重新种植葡萄　　（B）喷 84 消毒液

（C）喷洗碗水　　（D）什么也不用做

8. 根瘤蚜虫曾经（　　）。

（A）使得葡萄酒口感更好

（B）大大提升葡萄品质

（C）让很多平台及产区产量大增

（D）给全世界很多葡萄酒产区带来危机

9. 橡木桶在白葡萄酒酿造过程中的主要作用是（　　）。

（A）压榨　　（B）破皮

（C）发酵与熟化　　（D）降低品质

10. 以下（　　）容器不会被用于熟化白葡萄酒。

（A）橡木桶　　（B）不封口的玻璃瓶

（C）不锈钢罐　　（D）陶罐

11. 以下（　　）产区属于著名高质量白葡萄酒产区。

（A）法国波尔多　　（B）日本富士山

（C）中国新疆　　（D）法国巴黎

12. 以下（　　）品种非常适宜在波尔多种植并酿造高质量白葡萄酒。

（A）长相思葡萄　　（B）歌海娜葡萄

（C）水晶葡萄　　（D）马陆葡萄

13. 以下在法国著名产区阿尔萨斯种植的白葡萄品种是（　　）。

（A）赤霞珠葡萄　　（B）黑皮诺葡萄

（C）山地葡萄　　（D）雷司令葡萄

14. 法国著名的白葡萄酒产区（　　）曾经隶属于德国。

（A）马德里　　（B）阿尔萨斯

（C）罗马　　（D）波尔多

15.（　　）是一种白葡萄品种，主要产自意大利的皮埃蒙特地区。

（A）佛罗伦萨　　（B）歌蒂斯

（C）威尼斯　　（D）圣托尼里

16. 皮埃蒙特的白葡萄酒主要体现的风格是（　　）。

（A）有煤油味，爽脆的高酸度

（B）带有柑橘类芳香，并有爽脆的高酸度

（C）黑色水果为主，没有橡木桶香气

（D）红色水果为主，橡木桶气味厚重

17. 在里奥哈种植的著名白葡萄品种是（　　）。

（A）维尤拉葡萄　　（B）赤霞珠葡萄

（C）吐鲁番葡萄　　（D）西拉葡萄

18. 里奥哈是（　　）的著名葡萄酒产区。

（A）意大利　（B）德国　（C）西班牙　（D）中国

19. 加拿大最有名的白葡萄酒风格是（　　）。

（A）起泡酒　　（B）冰酒

（C）橡木桶陈年葡萄酒　　（D）氧化型葡萄酒

20. 在加拿大，（　　）因为种植更多，所以会更多地被用来酿造冰酒。

（A）威代尔葡萄　　（B）赤霞珠葡萄
（C）内比奥罗葡萄　　（D）雷司令葡萄

答案：ADDBC　CADCB　AADBB　BACBA

二、判断题

1. 南极洲适合种植白葡萄。（　）
2. 发酵是酿造白葡萄酒必不可少的步骤。（　）
3. 世界上所有白葡萄酒必须经过橡木桶的熟化。（　）
4. 阿尔萨斯所产葡萄酒质量高低不一。（　）
5. 里奥哈非常擅长使用橡木桶酿造葡萄酒，其酿酒历史可以追溯到古罗马时代。（　）
6. 弗兰肯是索马里著名的葡萄酒产地。（　）
7. 莱茵高不适合酿造葡萄酒。（　）
8. 玛格丽特河是澳大利亚不值一提的无名产区。（　）
9. 美国加州的核心产区在纳帕谷，原因是能大量生产。（　）
10. 加拿大只能生产一种葡萄酒。（　）

答案：错对错对对　错错错错错

第3章 桃红葡萄酒品鉴

3.1 用于酿造桃红葡萄酒的葡萄品种特征

3.1.1 神索葡萄的品种特征

神索（Cinsaut）是一个高产但质量并不高的葡萄品种，但在控制产量的情况下，会表现出非常迷人和饱满的甜美风味。该品种发芽较晚，容易感染霉菌，所以大多种植在干旱炎热的地中海地区。

法国南部是神索的主要种植区域，尤其是朗格多克（Languedoc）、普罗旺斯（Provence）等地。由于神索比较耐旱耐热，产量又大，深受当地种植者喜爱。在酿造桃红葡萄酒时，基本是使用单一品种，而在酿造红葡萄酒时往往会跟佳丽酿混合，在混酿中生出甜美饱满的酒体。由神索酿成的桃红葡萄酒（见图3-1）非常新鲜易饮，颜色较浅，果香细腻，是当地人非常喜欢的夏日佐餐葡萄酒。此外，神索在法国科西嘉岛（Corsica）、非洲北部、南非等地也有大量种植。

图3-1　由神索酿造的米拉沃酒庄（Miraval）桃红葡萄酒

3.1.2 赤霞珠和品丽珠葡萄的品种特征

赤霞珠虽然在绝大多数情况下都被用来酿造干红葡萄酒，在某些特定的情况下也会被用来酿造桃红葡萄酒。尤其是在卢瓦尔河谷的安茹产区，赤霞珠往往会与品丽珠一起，被用来酿造甜型或者半甜型的安茹卡贝内（Cabernet d’Anjou）。由于生长需要较多热量，所以赤霞珠在气候凉爽的卢瓦尔河谷很难完全成熟，酸度极高，因此用来酿造的干红葡萄酒口感会过于干涩。

卢瓦尔的酿酒师们会在葡萄酒中保留部分糖分来中和其较高酸度，并少量萃取单宁和颜色，酿成口感甜型或者半甜型的桃红葡萄酒。这类桃红葡萄酒可以陈年。在波尔多地区，赤霞珠也会被用来酿造桃红葡萄酒，但基本用于和梅洛、品丽珠进行混酿。

品丽珠是一个非常古老的葡萄品种，相对于赤霞珠来说，果皮更薄，酸度更高，更喜欢凉爽的气候。品丽珠的发源地在波尔多，但目前它的名声却主要来自卢瓦尔河谷，尤其是在具备凉爽的气候和石灰岩土壤的希农和布尔格伊产区。

在卢瓦尔河谷的安茹产区（见图 3-2），品丽珠会被酿成两种风格的桃红葡萄酒。一种是干型的，被称为卢瓦尔桃红（Rosé d’Loire），法定要求在这种葡萄酒中品丽珠或者赤霞珠的比例不能低于 30%。另外一种就是安茹卡贝内，以品丽珠或者赤霞珠酿成。因为酸度较高，这两种桃红葡萄酒都有一定的陈年潜力。

图 3-2 卢瓦尔河谷产区葡萄酒庄园

3.1.3　仙粉黛葡萄品种的特征

仙粉黛（见图 3–3）发源于克罗地亚，在这里它有一个传统的名字卡斯特拉瑟丽（Crljenak Kastelanski），而在意大利南部的主要种植区又被称为普拉米蒂沃，但现在其最受欢迎的种植地却是美国的加利福尼亚州，总种植面积超过 20 000 公顷，仙粉黛就是它在这里的名称。在加州，甚至成立了专门的仙粉黛倡导者和生产者组织（Zinfandel Advocates and Producers，简称 ZAP）来推广仙粉黛品种，足见其重要性。

图 3–3　仙粉黛葡萄

仙粉黛在加州可以被酿造成各种风格的葡萄酒，其中，被称为白仙粉黛（White Zinfandel）的桃红葡萄酒非常流行。这种葡萄酒风格微甜，采用了中断发酵的方式酿造，最初是 20 世纪 70 年代由舒特家族酒庄（Sutter Home）发明，在八九十年代风靡一时。除了桃红葡萄酒以外，仙粉黛也会被用来酿造高质量的干红葡萄酒，尤其是老藤葡萄。

仙粉黛在美国的其他地区都有种植，但都没有获得加州如此的成功。在意大利南部的普利亚，老藤的普拉米蒂沃越来越多地会被酿造成高质量的干红葡萄酒，虽然大量的还是被用于酿造廉价干红葡萄酒。

3.1.4 果乐葡萄的品种特征

果乐（Grolleau）是一个极为少见的红葡萄品种，主要种植在卢瓦尔河谷。果乐在古法语中有“乌鸦”的意思，主要被用来酿造卢瓦尔河谷的桃红葡萄酒。

由于酸度极高，果实带有泥土风味，又不太容易成熟，果乐并不受市场的欢迎，目前种植面积已经大量减少。但它却是安茹产区桃红葡萄酒的法定品种。根据当地法律规定，这个品种是安茹桃红（Rosé d’Anjou）的主要成分，而且也只能被用于酿造桃红葡萄酒和起泡酒。

果乐桃红葡萄酒的产区主要位于卢瓦尔河谷的安茹、索默尔和图赖讷。

3.1.5 歌海娜葡萄的品种特征

歌海娜（见图 3–4）是一个在全球范围内被广泛种植的红葡萄品种，因此也被称为国际品种。其最重要的种植区域是在地中海沿岸的法国南部、西班牙东北部，另外在拥有地中海气候特点的澳大利亚和美国加州也被大量种植。

图 3–4 歌海娜葡萄

歌海娜是一个出色的地中海品种，非常容易被种植，耐热耐旱，而且产量巨大，但如果不控制产量，果实的品质会受影响。藤龄较老的歌海娜会被用来酿造高质量的干红葡萄酒，而藤龄年轻的歌海娜，由于其具有果皮薄、果实甜美等特点，常常被用来酿造颇受欢迎的桃红葡萄酒。歌海娜的主要产地在法国南部，西班牙的阿拉贡（Aragón）、纳瓦拉（Navarra）。

用歌海娜酿成的桃红葡萄酒甜美细腻，颜色呈淡雅的三文鱼色，酸度低，非常适合搭配当地食物，但大部分不适合陈年。由于这类桃红葡萄酒产量巨大，新鲜易饮，价格低廉，是出产地十分流行的葡萄酒品。另外，出产地皆为旅游胜地，游客云集，因此这种桃红葡萄酒似乎并不担心市场的销售。

3.2　用于酿造桃红葡萄酒的葡萄种植环境

3.2.1　适合酿造桃红葡萄酒的葡萄种植的气候条件

通常来说，桃红葡萄酒的产地都比较炎热，主要集中在地中海气候的产区，比如地中海沿岸的法国南部、西班牙东北部、美国加州等地。因为这种气候下的葡萄果实甜美、非常容易成熟，而且酸度低，非常适合酿造简单易饮的桃红葡萄酒。

当然，另外一种气候条件下的桃红葡萄酒也不应该被忽视，比如卢瓦河谷和波尔多地区生产的桃红葡萄酒。特别是卢瓦河谷的桃红葡萄酒，因为法国人有饮用桃红葡萄酒的传统，因此这里的桃红葡萄酒依然十分重要。因为这里凉爽的气候条件，所酿成的桃红葡萄酒酸度都比较高，因此为了平衡口感，在某些情况下酿酒师会采用中断发酵的方式保留一部分糖分，来中和酸度，让葡萄酒变得更适合饮用。比较著名的例子是用品丽珠或赤霞珠酿成的安茹卡贝内，也有干型的卢瓦尔桃红，或者以果乐酿成的安茹桃红。

3.2.2 适合酿造桃红葡萄酒的葡萄种植的土壤类型

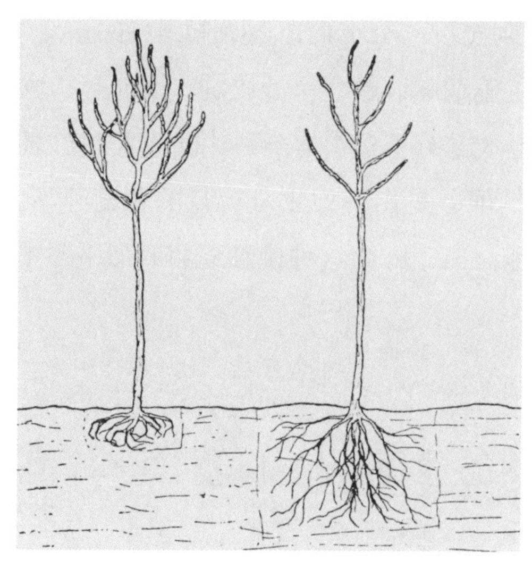

图 3-5 葡萄藤根系寻找水源

总的来说，适合种植用于酿造桃红葡萄酒的葡萄品种的土壤类型多种多样。在地中海沿岸，由于气候干燥炎热，土壤多为排水性较好的沙土。由于歌海娜、神索的耐旱性较好，所以比较适合这种土壤。如果是排水性较好的砾石或者板岩土壤，则比较适合老藤葡萄种植。因其利用较长的根须可深入地下寻找水源（见图 3-5）。一般而言老藤葡萄果味十分浓郁，会被用来酿造高质量干红葡萄酒。

卢瓦尔产区是以比较耐寒的石灰岩土壤为主，非常适合品丽珠和果乐生长。

在美国加州产区，这里的土壤更加多样，年轻的仙粉黛适应性很强，可以在各种土壤中生长，但大多也是被种植在耐干耐热的土壤中。

3.3 桃红葡萄酒的酿造

3.3.1 放血法

放血法（bleeding，法语 saignée）是指红葡萄果实采收后，经过短期浸皮，让果汁在重力的作用下自然流出，随后进入酒精发酵。放血法酿制的桃红葡萄酒其实是酿造红葡萄酒的副产品。在浸皮过程中，葡萄果皮中的色素及各种酚类物质自然进入果汁，因此用放血法酿制成的桃红葡萄酒颜色通常更深（见图 3–6），拥有更轻柔芬芳的香气，口感也相比混合法、压榨法等其他方法更柔和而浓郁。通常放血法酿制的桃红葡萄酒也拥有更好的陈年潜力。

图 3–6 桃红酒液的流动

3.3.2 混合法

混合法（blending）是将少量红葡萄酒直接与白葡萄酒调配成桃红。正常情况下，将白葡萄酒调制成桃红色，只需要添加少量的红葡萄酒。相比静止的桃红葡萄酒，这种方法更多用于酿制桃红香槟和其他桃红起泡酒。除起泡桃红的酿造外，欧盟产酒国法律禁止混合法的使用，混合法在新世界产酒国更为多见，并且是大规模的商业生产。

混合法酿造的桃红葡萄酒果香浓郁，结构简单，通常适于在上市后短期内饮用。

3.3.3 排出法和直接压榨法

酿造桃红葡萄酒所使用的排出法（drawing off）和直接压榨法（direct pressing）与白葡萄酒的酿造方法相似。葡萄果实采收后经过筛选、破皮，果肉和果皮接触较短的一段时间，以控制单宁和色素的萃取。由于果皮与果汁的接触时间很短，仅有少量的色素进入果汁。随后释放汁液，进入酒精发酵，酿制成桃红葡萄酒（见图 3-7）。排除法是在重力作用下释放出的汁液；直接压榨法会在压榨过程中得到更多的果汁。用此方法酿造的桃红葡萄酒颜色最为轻淡，香气清新雅致。

图 3-7 桃红葡萄酒

3.4 桃红葡萄酒的陈年与熟化

3.4.1 熟化容器对桃红葡萄酒的影响

大多数桃红葡萄酒不适合陈年，适合趁年轻时新鲜饮用。大多数桃红葡萄酒在酿造过程中为避免氧化，没有或者仅有非常短的熟化时间。因此对熟化容器的选择并没有太高要求。

一般常见的熟化容器（见图 3-8）包括不同尺寸的橡木桶、不锈钢罐，还有各种古老或现代的容器，例如与古希腊罗马时代一样的陶罐，还有造型如外星飞行器的混凝土蛋形发酵罐，甚至玻璃器皿等都是目前可以选择使用的。

图 3-8　陶罐、混凝土蛋形发酵罐、不锈钢发酵罐（从左至右）

橡木桶在使酒缓慢氧化过程中有助于酒色的澄清和稳定，能为酒带来丰富的滋味。更小众一些的陶罐和蛋形发酵熟化器则各有千秋。与橡木桶不同，它们不会给葡萄酒带来任何香气的变化，但会使葡萄酒缓慢微氧化，因此在桃红葡萄酒的酿造中并不多见。

桃红葡萄酒这种大众型，以果味清新为酿造风格的葡萄酒更倾向于表现新鲜易饮的风格。因此带有温控设备的不锈钢罐是桃红葡萄酒酿造中的首选。首先它隔绝了氧气的影响，可以保存清新爽口的果味，发酵完成后短期静置就可以装瓶上市。因而在成本控制上占有优势。其次，它易于清洁消毒，不会产生不必要的霉菌或病毒等物质给酒带来杂味。

3.4.2　熟化时间对桃红葡萄酒的影响

熟化时间包含两个阶段：一是在酿造完成到装瓶前的时间段；二是在装瓶后到开瓶饮用的阶段，称为瓶陈。在装瓶前，若想更多保留酒的果味，可以选择在密闭容器中保存若干个月，这样就不会对酒产生任何风味上的影响。若希望酒液与氧气接触增添更多丰富的滋味，需要酒本身具有能够继续发展的香气和风味、足够的酸度和（或）酒精度。

桃红葡萄酒通常追求新鲜清爽的果味，因此在装瓶前不经过长时间的熟化。在适饮期之内，桃红葡萄酒陈年时间越久，氧化程度越高，酒的颜色就越深（见图 3–9），会从淡粉色逐渐演变为淡橙黄色，到更深的黄色，甚至橘色，同时丧失本身新鲜的果香。

图 3–9　桃红葡萄酒的颜色差别（见彩插）

3.5　法国产区桃红葡萄酒的特点

3.5.1　卢瓦尔河谷产区桃红葡萄酒的特点

卢瓦尔河谷（见图 3–10）有三种受法定产区制度保护的桃红葡萄酒，卢瓦尔河谷桃红（Rosé de Loire）AOP，安茹桃红 AOP 以及安茹卡贝内桃红 AOP。

图 3–10　卢瓦尔河谷的葡萄园

卢瓦尔河谷桃红自 1974 年开始受到产区法律保护。酿造卢瓦尔河谷桃红可以使用任何一种卢瓦尔河谷的国际知名红葡萄品种——品丽珠、赤霞珠、黑皮诺、佳美，也可以使用皮诺多尼斯（Pineau d’Aunis，别名黑诗南）、果乐这两个当地品种。卢瓦尔河谷桃红通常质量中等，属于干型桃红葡萄酒，有较高的酸度。

安茹桃红通常用果乐酿造，口感微甜，带有玫瑰、红浆果和香蕉等风味。安茹卡贝内桃红葡萄酒可以是半甜或甜型，采用赤霞珠或品丽珠酿造，酸度较高，可保存时间较久。

3.5.2　普罗旺斯产区桃红葡萄酒的特点

普罗旺斯（见图 3-11）位于法国东南部，是法国南部著名旅游胜地。这里属于地中海气候，阳光充沛而少降雨，每年平均降雨量 700 毫米，并集中在春季和秋季。由于普罗旺斯降雨量少，再加上有名的从北边吹来的密史脱拉风，大大减少了霉菌灾害，非常适合于有机葡萄园的发展。

图 3-11　普罗旺斯葡萄园

普罗旺斯桃红是普罗旺斯产区最有名的葡萄酒款。普罗旺斯桃红葡萄酒占据了该产区五分之四的产量，但质量参差不齐。由于普罗旺斯旅游业发达，这里的桃红葡萄酒无论价格高低都有不错的市场。葡萄品种通常选用神索和歌海娜，这也是该产区种植量最大的葡萄品种。普罗旺

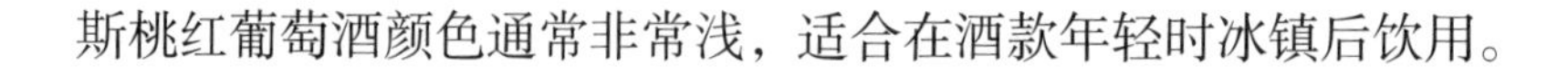

斯桃红葡萄酒颜色通常非常浅，适合在酒款年轻时冰镇后饮用。

3.5.3 香槟产区桃红起泡酒的特点

香槟（Champagne）产区的桃红起泡酒，是在欧盟唯一允许将红起泡酒与白起泡酒直接进行混合而得到的桃红酒。这种桃红起泡酒在许多顶级名庄都有生产，如库克（Krug）、唐培里侬（Dom Pérignon）等，通常质量较高、价格不菲。它们是法国为数不多的经典桃红葡萄酒。同时因为颜色非常好看，受到许多女性消费者的青睐。

3.6 西班牙产区桃红葡萄酒的特点

3.6.1 纳瓦拉产区桃红葡萄酒的特点

纳瓦拉产区（见图 3–12）地处西班牙东北，地处西班牙的圣地亚哥–德孔波斯特拉（Santago de Compostela）朝圣之路上。尽管面积大，声名却远不及临近的里奥哈。这里年平均降水量在北边可以达到600 毫米，而东边和南边天气炎热，降雨量仅有400 毫米。近年来新葡萄园的开发更多集中在凉爽的北边。

图 3–12 纳瓦拉产区葡萄园景观

纳瓦拉产区以歌海娜葡萄品种为主，20 世纪90 年代起，受到里奥哈的影响，丹魄的种植大大增加。大部分的歌海娜都被酿造成了性价比较高的干型桃红葡萄酒。歌海娜葡萄品种本身颜色浅，酸度低，果香轻柔芬芳。用其酿制的桃红葡萄酒通常适于年轻时冰镇后饮用。

3.6.2　加泰罗尼亚产区桃红葡萄酒的特点

加泰罗尼亚（Catalonia）位于西班牙北部，地中海沿岸，与法国南部接壤，是西班牙17个自治区之一，巴塞罗那是首府。由于地理面积广阔，加泰罗尼亚拥有多种地形地貌，微气候也多样，因此会出产多种风格的葡萄酒，包括香气复杂的起泡酒、浓郁的红葡萄酒、清爽的白葡萄酒。桃乐丝（Torres）家族是当地举足轻重的葡萄酒生产商，推动了加泰罗尼亚葡萄酒产业的发展。

这里主要受地中海气候影响，沿海地区温暖而多雨水，内陆则较为干燥。加泰罗尼亚共有10个法定产区，其中个别子产区出产的葡萄可酿造中高质量桃红葡萄酒。其选用的葡萄品种涵盖歌海娜、丹魄或其他当地的品种。加泰罗尼亚大区则以歌海娜酿造的桃红为主，颜色浅，酸度低，果香轻盈。

3.7　澳大利亚和新西兰产区桃红葡萄酒的特点

3.7.1　阿德莱德产区桃红葡萄酒的特点

阿德莱德山区（Adelaide Hills，见图3-13）位于澳大利亚南部，是澳大利亚著名的葡萄酒产区。阿德莱德山区相对海拔较高，平均海拔达400米，是澳大利亚著名的气候凉爽的葡萄酒产区。此地受山坡影响，季节多变，微气候也多样。阿德莱德山区的大部分区域，北靠巴罗萨谷和伊顿谷，南接麦克拉伦谷（McLaren Vale），降雨量随地势和季节不同而表现出明显差异，在海拔较高的地区降雨量更高，并主要集中在冬、春两季。

图 3-13　阿德莱德产区葡萄园

这里是澳大利亚葡萄酒创新的重要产区，目前种植了黑皮诺、霞多丽等国际葡萄品种，以长相思而闻名。桃红葡萄酒在这里有少量出产，由黑皮诺酿造，通常都有中等偏上的质量。

3.7.2　霍克斯湾产区桃红葡萄酒的特点

霍克斯湾（Hawkes Bay，见图 3-14）位于新西兰北岛东部，是仅次于新西兰马尔堡的第二大产区。这里属海洋性气候，全年气候凉爽，昼夜温差大。霍克斯湾相比马尔堡热量更高，以出产红葡萄酒而闻名，尤其是以梅洛、赤霞珠或西拉酿造的红葡萄酒。受到凉爽海风的影响，这里出产的葡萄酒通常具有较高的酸度。这里的桃红通常以梅洛酿造，颜色通常是鲜亮的粉红色泽。所酿造的葡萄酒果香充沛，新鲜而易饮，适合年轻时饮用。

图 3-14 霍克斯湾景色

3.8 美国和加拿大产区桃红葡萄酒的特点

3.8.1 洛代产区桃红葡萄酒的特点

洛代产区位于美国加利福尼亚的中央山谷产区，地处内陆。这里要比中央山谷南北两端的产区气候凉爽，雨水少，河流冲积土形成的土壤十分肥沃，因此葡萄产量特别高。

洛代（见图 3-15）种植有许多葡萄品种，其最负盛名的是仙粉黛，并拥有大量 80 年以上藤龄的老树。以仙粉黛酿造成的“白仙粉黛”桃红葡萄酒出现于 20 世纪 80 年代，曾风靡一时。许多老藤仙粉

图 3-15 洛代产区标志性建筑物

黛因此而受到保护，没有被赤霞珠和梅洛取代。

白仙粉黛颜色鲜艳，并采用中断发酵的特殊酿造工艺来保留残糖，因此口感甜美，属于甜型桃红酒。

3.8.2 加利福尼亚产区桃红葡萄酒的特点

加利福尼亚产区是美国最成功的桃红葡萄酒产区，产量占美国总产量的90%以上。加利福尼亚子产区众多，最有名的要数纳帕谷、索诺玛（Sonoma）、圣巴巴拉（Santa Barbara）、蒙特利（Monterey）、卡内罗斯、圣克拉拉谷（Santa Clara Valley）等。用来酿制加州桃红葡萄酒的葡萄可以来自任何一个子产区，也可以是多个子产区的混酿。

大量商业化生产的桃红葡萄酒是以仙粉黛酿造的“白仙粉黛”，主要来自中央山谷产区。仙粉黛产量大，果实颗粒大。以仙粉黛酿造的桃红酒颜色较淡，中等甜度，具有红葡萄品种带来的红果类香气。

课后练习

一、选择题

1. 以下（　　）品种不属于酿酒葡萄。

（A）西拉　　（B）神索　　（C）歌海娜　　（D）巨峰葡萄

2. 神索葡萄的特点是（　　）。

（A）皮薄，颗粒小　　（B）皮厚，颗粒小

（C）皮薄，颗粒大　　（D）皮厚，颗粒大，多汁

3.（　　）不能用于酿造桃红葡萄酒。

（A）果乐葡萄　　（B）歌海娜葡萄

（C）仙粉黛　　（D）马陆葡萄

4. 仙粉黛在美国加州常用来酿造（　　）风格的桃红葡萄酒。

（A）干型，颜色较浅　　　　（B）甜型，颜色较深

（C）干型，颜色较深　　　　（D）甜型，颜色较浅

5.（　　）在法国安茹产区的桃红酒中常与佳美进行混酿。

（A）歌海娜葡萄　　　　（B）黑皮诺葡萄

（C）果乐葡萄　　　　（D）马陆葡萄

6.（　　）是以下最适合酿造桃红葡萄酒的品种。

（A）巨峰葡萄　　　　（B）果乐葡萄

（C）水晶葡萄　　　　（D）马陆葡萄

7. 赤霞珠葡萄不适合生长在（　　）。

（A）冰冷的极地气候　　　　（B）温和的海洋性气候

（C）温暖干燥的地中海气候　　（D）温暖的大陆性气候

8.（　　）是歌海娜葡萄理想的气候条件。

（A）温暖的大陆性气候　　　　（B）与波尔多相似的多雨气候

（C）热带草原气候　　　　（D）沙漠气候

9. 在（　　）土壤中，歌海娜葡萄的表现比较优异。

（A）含云母颗粒的板岩　　　　（B）沙滩

（C）海洋　　　　（D）泥地

10. 赤霞珠葡萄在（　　）土壤中生长表现较为出色。

（A）容易积水的淤泥　　　　（B）全是大石块的

（C）排水性良好的砾石　　　　（D）坚硬的金刚石

11.（　　）不是正确酿造桃红葡萄酒的方式。

（A）放血法　　　　（B）排出法

（C）直接压榨法　　　　（D）用葡萄汁勾兑白酒

12.（　　）是适合用放血法酿造桃红葡萄酒的品种。

（A）歌海娜葡萄　　　　（B）水晶葡萄

（C）马陆葡萄　　　　（D）巨峰葡萄

13.（　　）是卢瓦尔河谷出产桃红葡萄酒的著名子产区。

（A）巴黎　（B）安茹　（C）罗马　（D）哈尔滨

14. 品丽珠在法国著名产区（　　）被用来酿造桃红葡萄酒。

（A）卢瓦尔河谷　（B）贺兰山

（C）高加索山　（D）梅里雪山

15.（　　）是香槟区法定葡萄品种，可用于酿造桃红香槟。

（A）澳大利亚红提　（B）黑皮诺葡萄

（C）覆盆子　（D）吐鲁番葡萄

16. “Brut”类型的桃红香槟指（　　）的香槟。

（A）酒农自酿　（B）还没上市

（C）干型，色泽偏粉色　（D）意大利

17. 加泰罗尼亚产区既出品（　　）也有桃红起泡酒。

（A）托卡伊　（B）香槟

（C）清酒　（D）桃红葡萄酒

18. 桃红葡萄酒酿造时的发酵温度是（　　）。

（A）20—30℃　（B）10—20℃

（C）12—22℃　（D）20—32℃

19. 洛代产区是美国（　　）的子产区。

（A）太行山脉　（B）中央山谷

（C）高加索山脉　（D）阿尔卑斯山脉

20. 洛代产区以拥有加州最古老的（　　）葡萄树闻名。

（A）仙粉黛葡萄　（B）美国红提

（C）无籽葡萄　（D）山葡萄

答案：DDDBC　BAAAC　DABAB　CDCBA

二、判断题

1. 加利福尼亚“白仙粉黛”是干型白葡萄酒。　（　　）

2. 洛代是西班牙里奥哈的子产区之一。（　）
3. 桃红葡萄酒一般不可能发生还原反应。（　）
4. 桃红香槟可以在印尼雅加达附近的葡萄酒产区酿造。（　）
5. 混合法的作用是给酒带来丰富的果味。（　）
6. 放血法是一种桃红葡萄酒的酿造方法。（　）
7. 歌海娜不适合酿造桃红葡萄酒。（　）
8. 黑提多汁可口，适合酿造桃红葡萄酒。（　）
9. 纳瓦拉的桃红葡萄酒质量很差。（　）
10. 所有类型葡萄酒都适合长期橡木桶熟化。（　）

答案：错错错错对　对错错错错

第 4 章 起泡葡萄酒品鉴

起泡葡萄酒是使用特殊工艺酿造的葡萄酒，其目的是在酿造过程中，保留酒精发酵产生的二氧化碳并溶解在酒中，使葡萄酒在开瓶之后仍有持续的气泡出现。一般来说，起泡葡萄酒的生产地往往比较凉爽，所以起泡葡萄酒通常具有较高酸度，一般会被用作餐前开胃酒。用来酿造起泡酒的工艺具体可以分为传统法、转移法、罐中发酵法和二氧化碳注入法。

4.1 传统法起泡葡萄酒的特点

传统法（traditional method）是 17 世纪中叶出现在法国香槟地区的一种葡萄酒酿造工艺，也是最早的起泡葡萄酒酿造工艺。目前，法国的香槟仍然是世界上最重要的传统法起泡酒产区，香槟地区所生产的起泡酒一般具有较高的酸度，香气比较浓郁，会同时具有绿色水果、面包、饼干屑及烘烤的复杂香气。用于酿制起泡酒的主要葡萄品种是黑皮诺、霞多丽和莫尼耶（Meunier）。

传统法的显著特点是葡萄酒会在瓶中二次发酵，包括以下八个特殊的步骤。

第一步，基酒（base wine）酿造。基酒酿造属于第一次酒精发酵，通常会在大型的不锈钢罐中进行，酿造出来的酒并不带起泡，是完全干性的，风味特征比较中庸且酸度很高。

第二步，混合。不同的葡萄园、葡萄品种，甚至不同年份的基酒会在这个阶段进行混合，以减少年份差异，保持葡萄酒风格的一致性。此步骤也可以用来提高葡萄酒的平衡感和复杂度。

第三步，二次酒精发酵（second fermentation）。基酒混合后，会罐装到酒瓶中，并添加适量的酵母以及酵母所需要的糖分、养分等物质，然后进行封瓶。封瓶后，酒瓶会水平放置，第二次酒精发酵会在自然的状态下发生，由此产生的二氧化碳会在压力的作用下溶解在酒液中。

第四步，酵母自溶（yeast autolysis）。二次酒精发酵结束后，酵母菌死亡并在酒瓶中形成酒泥沉淀（见图 4-1）。经过一段时间，这些酒泥开始分解并释放特殊的风味到酒液中，这个过程被称为酵母自溶。

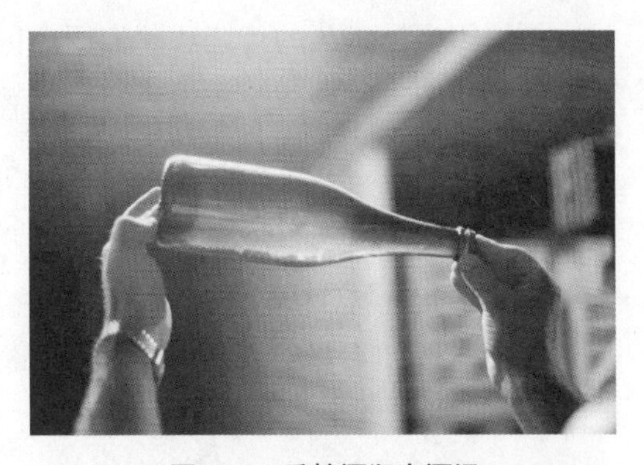

图 4-1　香槟酒瓶中酒泥

第五步，转瓶（riddling）。转瓶是将原先水平放置的酒瓶逐步转到垂直倒立的位置，目的是将酒瓶中残余的酒泥通过重力的作用，缓慢滑动到瓶口。这个过程传统上是由人工来进行的（见图 4-2），耗费的时间往往多达两个月之久。目前这项工序已逐渐由机器来代替，时间可以缩短为几天，其效果与人工转瓶基本一致。不过，为了尊重历史、保留传统，一些酒庄仍保留了人工转

图 4-2　香槟转瓶的木架

瓶的习惯。

第六步，除渣，也被称为吐酒泥（disgorgement）。转瓶结束后，将倒置的酒瓶浸泡在极低温的盐水溶液中，使瓶口部分的酒泥冷冻成块，然后再翻转到正常直立的位置，此时打开瓶塞，利用酒瓶内的气压将瓶口处冻结的酒泥弹出。这个过程也逐渐被机械替代。

第七步，补液（dosage）。除渣过程后，酒瓶内会损失一部分酒液，因此需要另行补足。进行此步骤时，可以添加糖分来调节葡萄酒的甜度。

第八步，封瓶（corking）。此阶段的封瓶会使用大于瓶口直径 3 倍的软木塞，利用软木塞的弹力将酒瓶密封，在软木塞外面再加金属丝笼进行稳固。

作为历史最悠久的传统法起泡酒产区，香槟有严格的生产工艺和相应的法规要求。法律明文规定，只有在香槟区酿造的起泡酒才能在酒标上标注“Champagne”字样。除了上述八个步骤要严格遵守以外，法律也要求无年份香槟（Non-Vintage，简称 NV）必须经过至少 15 个月的陈年，包括至少 12 个月的酵母自溶时间，而年份香槟（Vintage）则必须陈年 36 个月。但实际上，许多香槟厂商的陈年时间往往比法规的最低要求长得多。

传统法酿造的起泡酒因其复杂的工艺而导致造价高昂。虽是如此，这类起泡酒仍然广受欢迎。法国除了香槟产区，还有许多地方会采用该方法酿造葡萄酒，比如法国卢瓦尔河谷的索米尔、阿尔萨斯和勃艮第等地，但这些产区的起泡酒只能被称为法国起泡酒（Crémant），而不能称为香槟。另外，西班牙的卡瓦（Cava）、意大利的弗朗恰柯塔（Franciacorta）用传统法酿造起泡酒的历史相当悠久。新西兰、澳大利亚、美国等新世界国家也都有使用传统法酿造的起泡酒。

转移法（transfer method）是由传统法衍生而出，从转瓶这一步骤开始，才显示出与传统法的差别。转移法会将完成酵母自溶的葡萄酒在压力下倒入密封罐，并过滤掉罐中葡萄酒的酒泥，然后将葡萄酒在压力下重新装瓶。这种方法可以极大地提高生产效率，降低生产成本。本质上，转移法与传统方法区别不大，两种方法酿造的起泡酒的口感差异也不明显。

4.2　罐中发酵法起泡葡萄酒的特点

与上述两种方法不同，罐中发酵法（Tank Method）目的是为了突出新鲜果味或者保留葡萄品种特点，因此并不进行瓶中二次发酵，也没有酵母自溶的过程，因此生产工艺相对简单，生产成本也较低。

罐中发酵法分为以下三个步骤。

第一步，基酒的生产。这与传统法和转移法一致，但葡萄品种一般会是比较芳香的品种，例如意大利的麝香和格雷拉，德国的雷司令等，所以得到的基酒往往会比较芳香。

第二步，密封罐中二次发酵。与传统法的瓶中二次发酵不同，罐中发酵法的二次发酵在密封罐中进行。由于没有酵母自溶的过程，因此大多数的罐中发酵法酿制的起泡酒不带有面包和烘烤的味道，主要表现新鲜的果味。

第三步，过滤除渣。

世界上比较著名的使用罐中发酵法酿制起泡酒的产区有意大利的普罗塞克（Prosecco）、德国的塞克特（Sekt），以及澳大利亚、新西兰等地。

阿斯蒂法（Asti method）是罐中发酵法的衍生，指在密封罐的发酵过程中打断发酵，将气泡直接溶解在酒液中的起泡酒生产法。因为不涉及基酒的酿造，所以不存在二次发酵，酿造方法更为简单。阿斯蒂法主要运用在意大利的阿斯蒂（Asti）产区。这类起泡酒都是甜型，通常酒精度比较低（约 7%），带有浓郁的桃子和葡萄风味。

4.3 使用二氧化碳注入法起泡葡萄酒的特点

二氧化碳注入法是最廉价的起泡酒生产方法，是采用人工添加的方式将二氧化碳在压力下注入酒液，类似于可口可乐的生产方式，也被称为可口可乐法。这种方法一般盛行于美国的中央山谷、南非和新西兰等地，用以酿造大批量廉价的起泡酒。

课后练习

一、选择题

1. 香槟是指在法国地区用（　　）酿造的起泡酒。

（A）转移法　（B）传统法　（C）罐中发酵法　（D）二氧化碳法

2. 罐中发酵法的目的是为了保留（　　）。

（A）酵母味　（B）高酸度　（C）果香　（D）低酒精

3. 生产成本最低的起泡酒酿造方法是（　　）。

（A）罐中发酵法　（B）传统法

（C）阿斯蒂法　（D）二氧化碳注入法

答案：BCD

二、判断题

1. 转移法与罐中发酵法最大区别在于是否进行瓶中二次发酵。（　　）

2. 酵母自溶是罐中发酵法的主要特点。（　　）

答案：对错

第5章
葡萄酒缺陷的识别与预防

5.1　葡萄酒常见缺陷的形成原因

5.1.1　葡萄酒氧化和还原的成因

葡萄酒的氧化主要是指过多的氧气进入瓶中与葡萄酒发生反应，造成新鲜果味丢失的过程。与此同时，葡萄酒的颜色也会逐步变深（见图5-1）。如果氧化程度过大，会被认为是一种缺陷；而如果氧化的程度非常轻微并同时还保留了果味，有可能被视作增加了香气的复杂性。从葡萄采摘开始，氧化的威胁就开始存在，一直伴随着葡萄酒的酿造、熟化和装瓶等过程。直到被饮用前，这种风险一直都存在。

图5-1　红葡萄酒的老化和氧化（见彩插）

与之相反的是还原缺陷。还原是指在葡萄酒中的二氧化硫在缺氧的情况下还原成硫化氢，并散发一股臭鸡蛋味。红葡萄酒相对白葡萄酒或者桃红葡萄酒比较少出现还原缺陷，大多数情况是在装瓶之后长时间缺乏氧气而产生的还原。这种现象更多出现在使用螺旋盖或胶塞等密封的葡萄酒中。

5.1.2 葡萄酒过度老化和美拉德化的成因

葡萄酒的过度老化主要是指由于过度氧化已经过了适饮期，果味消失、结构缺损的情况，严重的甚至会出现类似醋的味道。不是所有的葡萄酒都适合长期存放，事实上，90% 以上的葡萄酒陈年潜力不超过 5 年。目前的市场趋势是，越来越多的葡萄酒被酿造出来以供短时间内佐餐饮用。所以，只有极少数葡萄酒有些许陈年潜力，并拥有相对较长的适饮期。所以，对每一款葡萄酒的适饮期判断十分重要。一般价格亲民的葡萄酒一定要选择较新年份来饮用。

葡萄酒的美拉德化（maillard reaction）主要是指葡萄酒在储藏过程中受热而产生的一种化学反应，致使葡萄酒迅速老化，并产生一种过度焦糖化的不悦气味。有些葡萄酒的氧化缺陷中，也会出现类似的气味。红葡萄酒有单宁保护，它对外界的高温、氧气等抵御能力相对白葡萄酒和桃红葡萄酒要强一些。

5.1.3 葡萄酒 TCA 污染的成因

TCA 全称是三氯苯甲醚（trichloroanisole，见图 5-2），是一种主要存活在软木塞中的细菌，会让葡萄酒的果味消失，并产生一种类似湿纸板的难闻气味。这种细菌主要来自制作软木塞的橡树，或者在卫生条件不佳的酿酒车间也有可能产生，并且很难被根除。TCA 污染一旦发生，是不可逆转的，这种情况在高品质葡萄酒中也可能出现。如果某一块用于制作软木塞的橡木受到污染，则影响的葡萄酒是一瓶或数瓶。但如果问题发生在酒庄，某一个储存葡萄酒的橡木桶被感染，则影响的是一批葡萄酒。TCA 污染的程度有轻有重，轻度污染很难被察觉。

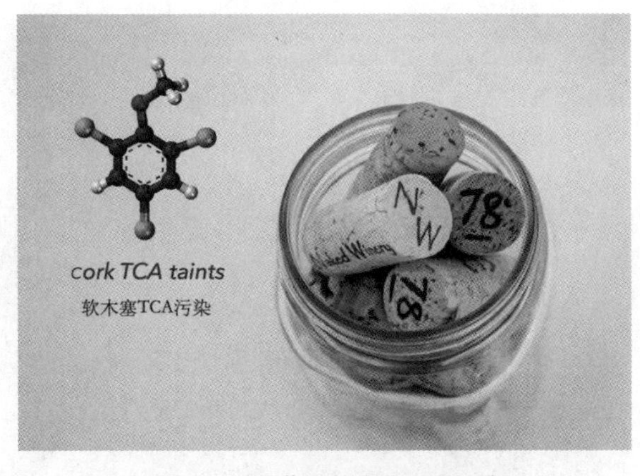

图 5-2 葡萄酒软木塞 TCA 污染

TCA 污染在全球范围内都有出现，在用软木塞装瓶的葡萄酒中占到 2%—3% 的比例。不过近年来这种情况有明显的改善，主要是软木塞的生产者加大了杀菌的力度，软木塞的种类大有增加，酒庄也改善了酿造车间的卫生环境。随着螺旋盖的进一步推广，越来越多的生产者开始放弃使用软木塞，从而在最大程度上避免了 TCA 的发生。关于螺旋盖与软木塞孰优孰劣的争论一直存在，但毋庸置疑的一点是，使用螺旋盖的葡萄酒，发生 TCA 污染的概率非常之小。

5.2 葡萄酒常见缺陷的预防

5.2.1 葡萄酒氧化和还原的预防

为了保持新鲜果香，许多酒庄会在葡萄酒里加入适量的二氧化硫来达到这种目的。当然，有酒庄采用螺旋盖代替软木塞的方式来减少氧化的风险。葡萄酒进入流通领域以后的储藏（见图 5-3）条件最为关键，恒温恒湿有助于延长葡萄酒的适饮期。

图 5-3　葡萄酒的储藏

同样，还原也是一个需要预防的风险。尤其是葡萄酒中二氧化硫如果过量，非常容易导致还原的发生，所以二氧化硫的量要控制得非常严格。另外，在装瓶时加入一些铜元素，也有助于降低葡萄酒还原的发生概率。

5.2.2　葡萄酒过度老化和美拉德化的预防

葡萄酒过度老化的预防主要是储藏条件的选择和适饮期的正确辨别。频繁的较大温差变化会引起葡萄酒的快速老化，因为葡萄酒不能进入真正的休眠状态。阳光或高强光源的直射同样也会加快葡萄酒的老化，所以葡萄酒的储存一定要注意避光，尽量存放在阴凉通风处。此外，噪声和振动也会加快葡萄酒的老化过程，要尽量避免。

关于适饮期的辨别，则需要比较全面的葡萄酒基础知识，对品种、产区以及酒庄都要有比较全面的了解，从而对每款酒的适饮期有比较清楚的认知，避免出现超过适饮期再饮用的情况。

避免美拉德化的主要方式就是避免高温，以及阳光和高强光源直射。

5.3　葡萄酒常见缺陷的辨别

5.3.1　葡萄酒氧化和还原的辨别方法

葡萄酒的氧化首先可以从颜色上进行辨别（见图 5-4）。以红葡萄酒为例，正常的红葡萄酒年轻时大多为紫红色，有浅也有深，酒色越紫则代表越年轻。经过陈年之后，许多红葡萄酒会出现宝石红或者石榴红，如果葡萄酒出现在它所处阶段不应出现的较深色泽，比如褐色或者棕色，则极有可能已过度氧化。其次是从嗅觉和味觉上进行辨别。当葡萄酒只剩下酒精和单宁，出现酱油和醋的味道，同时又缺乏新鲜的水果风味，那么葡萄酒无疑已经过度氧化了。

图 5-4　红葡萄酒的氧化和还原对颜色的影响（见彩插）

还原是与氧化相对的，但在颜色上无法判断，主要靠嗅觉。还原的原理是葡萄酒中二氧化硫在缺氧的情况下还原成有臭味的硫化氢，所以当葡萄酒出现非常浓烈的臭鸡蛋味道时，则表示还原情况已经比较严重。在大多数情况下，轻微还原所产生的气味在开瓶后会很快散去。

5.3.2 葡萄酒过度老化和美拉德化的辨别方法

葡萄酒的过度老化主要是酒本身已停止发酵，并且失去新鲜果味，很多情况下是由于过了适饮期造成的。氧化也会造成葡萄酒的过度老化，会呈现出比应有的颜色更偏棕色的情况。在嗅觉上则是以第三类香气也就是陈年香气为主，第一类香气基本消失。[①] 当然，严重的老化则是出现与氧化的情况一样，只剩下单宁和酒精，还有酱油和醋等令人不愉悦的香气。

美拉德化会更加明显地体现在嗅觉上，因为受热而产生的焦糖、太妃糖等味道会严重的掩盖新鲜果味，会让人产生不愉快的感觉。这要与葡萄酒正常陈年带来的轻微焦糖、太妃糖或者咖啡的味道区别开来，因为轻微的香气会增加葡萄酒的复杂性，让葡萄酒更有层次感。

5.3.3 葡萄酒 TCA 污染的辨别方法

由于 TCA 污染的程度各有不同，有些很轻微甚至不易被察觉，所以只有对三氯苯甲醚非常敏感的人才能发现。嗅觉不太敏感的人可能会体察不到这种现象。TCA 污染在严重时会出现非常明显的湿霉纸板箱气味，而这种味道可以掩盖所有的果香和其他美好的香气，并让葡萄酒完全丧失新鲜度和饮用的愉悦感。

---

① 葡萄酒的香气通常分为三种。第一类香气指植物、水果类及矿物类香气，可以理解为从葡萄园带来的香气。第二类香气指工艺香气，是在酿造过程中被影响而产生的香气，比如橡木桶、酒泥（死酵母）接触而赋予的香气。第三类香气主要是指陈年香气，是葡萄酒在陈年熟化的过程中所产生的香气。

课后练习

一、选择题

1. TCA 污染会使红葡萄酒（　　）。

（A）单宁更顺滑　　（B）有湿报纸味

（C）甜度更高　　（D）酒精感更弱

2. 如果打开一瓶红葡萄酒发现里面的果香已经完全消失，说明（　　）。

（A）质量很高

（B）这瓶酒处于被橡木塞污染的中期

（C）甜度很足

（D）价格很贵

3. 以下不属于 TCA 污染带来的特殊味道是（　　）。

（A）黑李子　　（B）烂报纸

（C）烂纸板　　（D）烂树叶

4. 预防红葡萄酒氧化缺陷，可以（　　）。

（A）长时间暴晒

（B）大力摇晃

（C）在恒温恒湿环境中静置卧放

（D）经常颠簸

5. 竖直放置有橡木塞的红葡萄酒会（　　）。

（A）香气更好

（B）口感更佳

（C）导致橡木塞干缩，空气进入，进而被氧化

（D）熟化得更好

6. 卧放和竖放螺旋盖封装的葡萄酒，（　　）。

（A）卧放会让葡萄酒氧化　　（B）竖放会让葡萄酒氧化

（C）都不会让葡萄酒氧化　　（D）都会让葡萄酒氧化

7. 红葡萄酒在（　　）的情况下会出现过度老化缺陷。

（A）用赤霞珠酿造　　（B）价格太高

（C）已过试饮期　　（D）太年轻

8. 红葡萄酒出现美拉德化缺陷的原因是（　　）。

（A）葡萄酒受热　　（B）风格单一

（C）香气寡淡　　（D）质量高

9. 过度老化的原理是（　　）。

（A）加热

（B）长期卧放

（C）用几种葡萄混酿

（D）葡萄酒超过了它应该陈年的生命周期导致香气消散、结构散架

10. 红葡萄酒在（　　）的情况下会出现氧化缺陷。

（A）在酒窖中卧放　　（B）开瓶放置一周

（C）在恒温酒柜中卧放　　（D）在地下室中卧放

答案：BBACC　CCADB

二、判断题

1. 红葡萄酒出现氧化缺陷的原因是跟氧气过度接触。（　　）
2. 红葡萄酒发生还原反应是由于无人管理。（　　）
3. 桃红葡萄酒过度老化缺陷的原因是过了最佳适饮期。（　　）
4. 桃红葡萄酒的美拉德化缺陷不会影响酒的香气与口感。（　　）
5. 桃红葡萄酒过度老化的原因是过度陈放，导致错过适饮期。（　　）
6. 桃红葡萄酒不可能发生美拉德化缺陷。（　　）

7. 白葡萄酒出现氧化缺陷的原因是与氧气过度接触。　（　）

8. 白葡萄酒发生还原反应的原因是无人管理。　（　）

9. 每一瓶白葡萄酒都会出现氧化缺陷。　（　）

10. 白葡萄酒发生氧化缺陷会严重影响口感。　（　）

答案：对错对错对　错对错错对

附　录

附表 1　葡萄品种中外译名对照

原　　文	语　　言	译　　文
Albariño	西班牙语	阿尔巴利诺
Aligoté	法语	阿里高特
Arneis	意大利语	阿内斯
Barbera	意大利语	巴贝拉
Bonarda	西班牙语	伯纳达
Brunello	意大利语	布鲁耐罗
Cabernet Franc	法语	品丽珠
Cabernet Sauvignon	法语	赤霞珠
Carignan	法语	佳丽酿
Carménère	法语	佳美娜
Chardonnay	法语	霞多丽
Chenin Blanc	法语	白诗南
Cinsaut	法语	神索
Cortese	意大利语	柯蒂斯
Corvina	意大利语	科维纳
Crljenak Kastelanski	克罗地亚语	卡斯特拉瑟丽

（续表）

原　　文	语　　言	译　　文
Dolcetto	意大利语	多赛托
Dornfelder	德语	丹菲特
Gamay	法语	佳美
Garganega	意大利语	卡尔卡耐卡
Gewürztraminer	德语	琼瑶浆
Glera	意大利语	格雷拉
Graciano	西班牙语	格拉西亚诺
Grauburgunder	德语	灰皮诺
Grenache	法语	歌海娜
Grolleau	法语	果乐
Malbec	法语	马尔贝克
Mataro	英语	穆尔韦德
Melon Blanc	法语	勃艮第香瓜
Merlot	法语	梅洛
Meunier	法语	莫尼耶
Molinara	意大利语	莫琳娜
Mourvèdre	法语	穆尔韦德
Müller-Thurgau	德语	米勒-土高
Muscadelle	法语	慕斯卡德
Muscat	法语	麝香葡萄
Muscat Blanc à Petits Grains	法语	小粒麝香
Nebbiolo	意大利语	内比奥罗
Petit Verdot	法语	小味儿多
Pineau d’Aunis	法语	皮诺多尼斯

（续表）

原　　文	语　　言	译　　文
Pinot Blanc	法语	白皮诺
Pinot Grigio	意大利语	灰皮诺
Pinot Gris	法语	灰皮诺
Pinotage	英语 / 法语	皮诺塔吉
Portugieser	德语	葡萄牙兰
Primitivo	意大利语	普拉米蒂沃
Riesling	德语	雷司令
Rondinella	意大利语	罗蒂妮拉
Ruländer	德语	灰皮诺
Sangiovese	意大利语	桑娇维赛
Sauvignon Blanc	法语	长相思
Sauvignon Gris	法语	灰苏维翁
Sémillon	法语	赛美蓉
Shiraz / Syrah	法语	西拉
Sylvaner	德语	西万尼
Tempranillo	西班牙语	丹魄
Tinto Fino	西班牙语	精红
Torrontés	西班牙语	特浓情
Vidal	英语	威代尔
Viognier	法语	维欧尼
Viura	西班牙语	维尤拉
Weissburgunder	德语	白皮诺
Zinfandel	英语	仙粉黛

附表 2 葡萄酒名庄及名酒

原　　文	语　　言	译　　文
Almaviva	西班牙语	活灵魂
Brookland Valley	英语	博克兰谷酒庄
Bruno Giacosa	意大利语	布鲁诺・贾科萨酒庄
Chapoutier	法语	莎普蒂尔
Château Cheval Blanc	法语	白马庄园
Château de Beaucastel	法语	博卡斯特尔酒庄
Château du Moulin-à-Vent	法语	风车酒庄
Château du Pegau	法语	佩高酒庄
Château Lafite Rothschild	法语	拉菲古堡
Château Latour	法语	拉图酒庄
Château Margaux	法语	玛歌酒庄
Chateau Montelena	英语	蒙特莱那酒庄
Château Pétrus	法语	柏图斯酒庄
Concha y Toro	西班牙语	干露酒庄
Cullen	英语	卡伦酒庄
Dom Pérignon	法语	唐培里侬（香槟）
Don Melchor	西班牙语	魔爵红
E. & J. Gallo	英语	嘉露酒庄
E. Guigal	法语	吉家乐
Eduardo Errazuriz	西班牙语	爱德华多・伊拉苏
Elio Altare	意大利语	伊林奥特酒庄
Felton Road	英语	飞腾酒庄
Giacomo Conterno	意大利语	孔特诺酒庄

（续表）

原　　文	语　　言	译　　文
Giuseppe Quintarelli	意大利语	朱塞佩・昆达莱利酒庄
Grange	英语	葛兰许
il Poggione	意大利语	波吉欧酒庄
Kanonkop Estate	英语	炮鸣之地庄园
Kanu Wines	英语	卡诺酒庄
Kendall-Jackson	英语	肯德杰克逊酒庄
Ko-operatiewe Wijnbowers Vereniging Van Zuid Africa	荷兰语	KWV 酒庄
Krug	法语	库克（香槟）
La Rioja Alta S.A.	西班牙语	橡树河畔酒庄
Leeuwin Estate	英语	露纹酒庄
Miraval	法语	米拉沃
Moss Wood	英语	慕丝森林酒庄
Mount Difficulty	英语	狄菲特山麓酒庄
Nederburg	荷兰语	尼德堡酒庄
Nicolas Joly	法语	尼古拉・卓利
Penfolds	英语	奔富酒庄
Pierro	英语 / 意大利语	皮埃罗酒庄
R. López de Heredia	西班牙语	洛佩兹・埃雷蒂亚酒庄
Ridge Vineyards	英语	山脊酒庄
Rippon	英语	瑞本酒庄
Rustenberg Wines	英语	勒斯滕堡酒庄
Sassicaia	意大利语	西施佳雅
Soldera	意大利语	索德拉酒庄
Super Tuscan	英语	超级托斯卡纳

（续表）

原　　文	语　　言	译　　文
Sutter Home	英语	舒特家族酒庄
Torres	西班牙语	桃乐丝
Vega Sicilia	西班牙语	维格西西莉亚
Vin de Constance	法语	康斯坦（甜白）葡萄酒
Viña Errazuriz	西班牙语	伊拉苏酒庄

附表 3　著名葡萄酒产区及地名中外译名对照

原　　文	语　　言	译　　文
Aconcagua	西班牙语	阿空加瓜
Aconcagua Costa	西班牙语	阿空加瓜海岸
Adelaide	英语	阿德莱德
Adelaide Hills	英语	阿德莱德山
Adriatic Sea	英语	亚得里亚海
Alsace	法语	阿尔萨斯
Alto Maipo	西班牙语	上麦坡山谷
Amarone della Valpolicella	意大利语	瓦波利切拉的阿玛罗耐
American Viticulture Areas（AVA）	英语	美国葡萄酒产地制度
Andes Mountains	英语	安第斯山脉
Anjou	法语	安茹
Anjou-Saumur	法语	安茹-索米尔
Aragón	西班牙语	阿拉贡
Asti	意大利语	阿斯蒂
Awatere Valley	英语	阿沃特雷谷
Baden	德语	巴登

（续表）

原　　文	语　　言	译　　文
Barbaresco	意大利语	巴巴莱斯科
Barolo	意大利语	巴罗洛
Barossa Zone	英语	巴罗萨大区
Barrosa Valley	英语	巴罗萨谷
Beaujolais	法语	博若莱
Bolgheri	意大利语	博格利
Bordeaux	法语	波尔多
Bourgogne	法语	勃艮第
Bourgueil	法语	布尔格伊
Brunello di Montalcino	意大利语	蒙塔尔奇诺的布鲁耐罗
Cabernet d’Anjou	法语	安茹卡贝内
Cachapoal	西班牙语	加查普
Cafayate	西班牙语	卡法亚特
Cantabrian Mountains	英语	坎塔布里亚山脉
Carneros	英语	卡内罗斯
Catalonia	英语	加泰罗尼亚
Cava	西班牙语	卡瓦
Central Otago	英语	中奥塔戈
Central Valley	英语	中央山谷（美国）
Chablis	法语	沙布利
Champagne	法语	香槟
Châteauneuf-du-Pape	法语	教皇新堡
Chianti	意大利语	基安蒂

（续表）

原　文	语　言	译　文
Chianti Classico	意大利语	经典基安蒂
Chinon	法语	希农
Clare Valley	英语	克莱尔山谷
Cognac	法语	干邑
Colchagua Valley	西班牙语	科尔查瓜谷
Columbia Valley	英语	哥伦比亚谷
Constantia Ward	英语	康斯坦蒂亚小产区
Coonawarra	英语	库纳瓦拉
Cordillera Cantábrica	西班牙语	坎塔布亚里山脉
Cornas	法语	科纳
Corsica	英语	科西嘉岛
Côte Chalonnaise	法语	沙隆丘
Côte d’Or	法语	金丘
Côte-Rôtie	法语	罗蒂丘
Dry Creek Valley	英语	干溪谷
Eden Valley	英语	伊甸谷
Elgin	英语	埃尔金
Entre-Deux-Mers	法语	两海间
False Bay	英语	福尔斯湾
Franciacorta	意大利语	弗朗恰柯塔
Franken	德语	弗兰肯
Freistaat Bayern	德语	巴伐利亚州
Friuli	意大利语	弗留利

（续表）

原　　文	语　　言	译　　文
Haardt Mountains	德语、英语	哈尔特山
Hawkes Bay	英语	霍克斯湾
Hermitage	法语	艾米塔基
Hunter Valley	英语	猎人谷
Kaiserstuhl	德语	凯撒施图尔
La Mancha	西班牙语	拉曼恰
Lago di Garda	意大利语	加尔达湖
Languedoc-Roussillon	法语	朗格多克-鲁西荣
Left bank	英语	左岸
Lodi	英语	洛代
Loire River	法语、英语	卢瓦尔河
Luján de Cuyo	西班牙语	卢汉德库约
Mâconnais	法语	马贡
Main	德语	美茵河
Maipo Valley	英语	麦坡山谷
Margaret River	英语	玛格丽特河
Marlborough	英语	马尔堡
Martinborough	英语	马丁堡
Mayacamas	英语	马雅卡玛丝
McLaren Vale	英语	麦克拉伦谷
Mendoza	西班牙语	门多萨
Mittelhaardt	德语	米特海德
Mittelmosel	德语	中部摩泽尔

（续表）

原 文	语 言	译 文
Monterey	英语	蒙特利
Montsant	西班牙语	蒙桑特
Mosel	德语	摩泽尔
Mount Aconcagua	英语、西班牙语	阿空加瓜山
Mount Veeder	英语	维德山
Nantes	法语	南特
Napa Valley	英语	纳帕谷
Navarra	西班牙语	纳瓦拉
Niagara	英语	尼亚加拉
Oakville	英语	奥克维尔
Ontario	英语	安大略省
Oregon	英语	俄勒冈
Paarl	英语	帕尔
Perth	英语	珀斯
Pfalz	德语	普法尔茨
Piemonte	意大利语	皮埃蒙特
Po	意大利语	波河
Pouilly-Fumé	法语	普宜菲美
Priorat	西班牙语	普里奥拉托
Prosecco	意大利语	普罗塞克
Provence	法语	普罗旺斯
Puglia	意大利语	普利亚
Rhein	德语	莱茵河

（续表）

原　　文	语　　言	译　　文
Rheingau	德语	莱茵高
Rheinhessen	德语	莱茵黑森
Rias Baixas	西班牙语	下海湾
Ribera del Duero	西班牙语	杜罗河岸
Right bank	英语	右岸
Rio Duero	西班牙语	杜罗河
Rio Ebro	西班牙语	埃布罗河
Rio Oja	西班牙语	奥哈河
Rio Siurana	西班牙语	西乌拉那河
Rioja	西班牙语	里奥哈
Rioja Alavesa	西班牙语	里奥哈阿拉维萨
Rioja Alta	西班牙语	上里奥哈
Rioja Oriental	西班牙语	东里奥哈
Rosé d’Anjou	法语	安茹桃红
Rosé de Loire	法语	卢瓦尔桃红
Roussillon	法语	鲁西荣
Russian River Valley	英语	俄罗斯河谷
Rutherford	英语	拉瑟福德
Saint-Émilion	法语	圣埃米里翁
Saint-Nicolas-de-Bourgueil	法语	圣尼古拉布尔格伊
Salta	西班牙语	萨尔塔省
San Antonio	西班牙语	圣安东尼奥
San Francisco	英语	旧金山

（续表）

原　　文	语　　言	译　　文
San Pablo Bay	西班牙语、英语	圣保罗湾
Sancerre	法语	桑塞尔
Santa Barbara	英语 / 西班牙语	圣巴巴拉
Santa Clara Valley	英语	圣克拉拉山谷
Santiago	西班牙语	圣地亚哥
Saumur	法语	索米尔
Sauternes	法语	索泰尔讷
Sierra de la Demanda	西班牙语	德曼达山脉
Simonsberg	英语	西蒙伯格山
Somoma County	英语	索诺玛郡
Somoma Valley	英语	索诺玛山谷
Southern Alps	英语	南阿尔卑斯山
Stags Leap District	英语	鹿跳区
Stellenbosch	英语	斯泰伦博斯
Tasmania	英语	塔斯马尼亚
Taunus	德语	陶努斯山
Touraine	法语	图赖讷
Tuniberg	德语	图尼贝格
Tuscany	英语	托斯卡纳
Vaca	英语	瓦卡
Valle de Casablanca	西班牙语	卡萨布兰卡谷
Valle de Limarí	西班牙语	利马里谷
Valle de Uco	西班牙语	优克谷

（续表）

原　　文	语　　言	译　　文
Vallée de la Loire	法语	卢瓦尔河谷
Vallée du Rhône	法语	罗纳河谷
Valparaíso	西班牙语	瓦尔帕莱索港
Valpolicella	意大利语	瓦波利切拉
Veneto	意大利语	威尼托
Victoria State	英语	维多利亚州
Vins du Centre	英语	中央产区
Vosges	法语	孚日山脉
Wairau	英语	怀劳
Western Cape	英语	西开普省
Yarra Valley	英语	雅拉谷
Yountvill	英语	杨特维尔

附表 4　葡萄酒分类、分级术语中外译名对照

原　　文	语　　言	译　　文
Appellation d'origine Protégée（AOP）	法语	原产地保护（葡萄酒）
Auslese	德语	精选
Beaujolais Nouveau	法语	博若莱新酒
Beerenauslese	德语	果粒精选
Crémant	法语	法国起泡酒（非香槟区的传统法酿造）
Crianza	西班牙语	陈酿
Cult Wine	英语	膜拜酒

（续表）

原　　文	语　　言	译　　文
Denominazione di Origine Controllata e Garantita（DOCG）	意大利语	保证法定产区（酒）
Denominazione di Origine Controllata（DOC）	意大利语	法定产区（酒）
DOCa	西班牙语	优质法定产区
Eiswein	德语	冰酒
Fumé Blanc	法语	白富美
Gavi	意大利语	加维
Gran Reserva	西班牙语	特级珍藏
Grand Cru	法语	特级葡萄园
Großes Gewächs	德语	顶级干型葡萄酒
icewine / ice wine	英语	冰酒
Indicazione Geografica Tipica (IGT)	意大利语	地区葡萄酒
Joven	西班牙语	新酒
Kabinett	德语	珍藏
Non-vintage	法语	无年份
Prädikatswein	德语	高级优质产区葡萄酒
Premier Cru /Ler Cru	法语	一级葡萄园
Qualitätswein	德语	优质葡萄酒
Recioto della Valpolicella	意大利语	乐巧多
Region	英语	（南非）大区级
Reserva	西班牙语	珍藏
Sekt	德语	起泡酒
Sélection de Grains Nobles	法语	贵腐选粒甜酒
Sparkling Shiraz	英语	起泡设拉子

（续表）

原　　文	语　　言	译　　文
Spätlese	德语	晚收
Traditional Method	英语	传统法
Trokenbeerenauslese	德语	枯萄精选酒
Vendages Tardives	法语	晚收型
Verband Deutscher Qualitäts-und Prädikatsweingüter	德语	德国名庄联盟
Village	法语	村庄级
Vintage	法语	年份
White Zinfandel	英语	白仙粉黛

附表 5　葡萄酒酿造相关术语中外译名对照

原　　文	语　　言	译　　文
amphora	英语	陶罐
Asti method	意大利语、英语	阿斯蒂法
base wine	英语	基酒
basket press	英语	筐式压榨机
bleeding	英语	放血法
blending	英语	混合，混合法
bocksbeutel	德语	大肚酒瓶
concrete egg	英语	混凝土蛋形发酵罐
cork	英语	软木塞
corking	英语	封瓶
direct pressing	英语	直接压榨法
disgorgement	英语	除渣
dosage	法语	（香槟）补液

（续表）

原　　文	语　　言	译　　文
drawing off	英语	排出法
free-run juice	英语	自流汁
grape must	英语	葡萄醪（must：酿酒用的葡萄汁）
lees	英语	酒泥
maceration	英语	浸渍
maillard reaction	法语、英语	美拉德反应
malolactic fermentation	英语	苹果酸乳酸发酵
maturation	英语	熟化
old vine	英语	老藤
oxidation	英语	氧化
pneumatic press	英语	气动压榨机
polyphenol	英语	多酚类
press	英语	压榨
racking	英语	换桶
reduction	英语	还原
riddling	英语	转瓶
saignée	法语	放血法
second fermentation	英语	二次发酵
sur lie	法语	酒泥陈酿
tank method	英语	罐式法
tartaric acid	英语	酒石酸
transfer method	英语	转移法
vertical Press	英语	立式压榨机
yeast autolysis	英语	酵母自溶

参考文献

1. 参考书目

[1] Barquín, J., Gutiérrez, L., de la Serna, V. The Finest Wines of Rioja and Northwest Spain: A Regional Guide to the Best Producers and Their Wines [M] . Berkeley: Fine Wine Editions Ltd, 2011.

[2] Bastianich, J. & Lynch, D. Vino Italiano: The Regional Wines of ItalyP [M] . New York: Clarkson Potter, 2005.

[3] Belfrage, N. The Finest Wines of Tuscany and Central Italy: A Regional and Village Guide to the Best Wines and Their Producers [M] . Berkeley: University of California Press, 2009.

[4] Bird, D. Understanding Wine Technology: A book for the non-scientist that explains the science of winemaking [M] . Nottinghamshire: Wine Appreciation Guild, 2011.

[5] Bonné, J. The New California Wine: A Guide to the Producers and Wines Behind a Revolution in Taste [M] . New York: Ten Speed Press, 2013.

[6] Braatz, D., Sautter, U., etc. Wine Atlas of Germany [M] . Trans. by Goldberg, K. Berkley: University of California Press, 2014.

[7] Brook, S. The Complete Bordeaux: The Wines, The Chateaux, The People [M] . Revised ed. London: Octopus Publishing Group, 2012.

[8] Catena, L. Vino Argentino: An Insider's Guide to the Wines and Wine Country of Argentina [M] . San Francisco: Chronicle Books, 2010.

[9] Clarke, O., Rand, M. Grapes & Wines: A Comprehensive Guide to Varieties and Flavours [M] . New York: Sterling Publishing, 2010.

[10] Coates, C. The Wines of Burgundy [M] . Revised ed. Berkeley: University of California Press, 2011.

[11] D'Agata, I. Italy's Native Wine Grape Terroirs [M] . Berkeley: University of California Press, 2019.

[12] Danehower, C. Essential Wines & Wineries of the Pacific Northwest. A Guide to the Wine Countries of Washington, Oregon, British Columbia, and Idaho [M] . Portland: Timber Press, 2010.

[13] Desimone, M. & Jenssen, J. The Comprehensive Guide: Wines of California [M] . New York: Sterling Epicure, 2014.

[14] Easton, S. Vines & Vinification [M] . London: Wine & Spirit Education Trust, 2017.

[15] Goldstein, E. Wines of South America: The Essential Guide [M] . Berkeley: University of California Press, 2014.

[16] Goode, J. The Science of Wine: From Vine to Glass [M] . 2nd ed. Berkeley: University of California Press, 2014.

[17] Gutiérrez, L. The New Vignerons: A New Generation of Spanish Wine Growers [M] . Trans. by Cristpini, C., Gutiérrez, A. Barcelona: Planeta Gastro, 2017.

[18] Halliday, J. Varietal Wines: A guide to 130 varieties grown in Australia and their place in the international wine landscape [M] . South Yarra: Hardie Grant Books, 2016.

[19] Halliday, J. Wine Atlas of Australia. Revised ed. Berkeley: University of California Press, 2006.

[20] Hammack, J., Puckette, M. Wine Folly: A Visual Guide to the World of Wine [M] . London: Michael Joseph, 2015.

[21] James, T. Wines of the New South Africa: Tradition and Revolution

［M］. Berkeley: University of California Press, 2013.
［22］ Livingstone-Learmonth, J. The Wines of the Northern Rhone［M］. Berkeley: University of California Press, 2005.
［23］ Moran, W. New Zealand Wine: The Land, The Vines, The People［M］. Auckland: Auckland University Press, 2016.
［24］ Robinson, J. The Oxford Companion to Wine［M］. 4th ed. Oxford: Oxford University Press, 2015.
［25］ Robinson, J., Harding, J., Vouillamoz, J. Wine Grapes: A complete guide to 1,368 vine varieties, including their origins and flavours［M］. New York: Harper Collins Publishers, 2012.
［26］ Robinson, J., Johnson, H. The World Atlas of Wine［M］. 7th ed. London: Mitchell Beazley, 2013.
［27］ Robinson, J., Murphy, L. American Wine［M］. London: Mitchell Beazley, 2013.
［28］ Skelton, S. Viticulture: An Introduction to Commercial Grape Growing for Wine Production［M］. Ashford: S. P. Skelton Ltd, 2009.
［29］ 李华、王华等. 葡萄酒工艺学［M］. 北京：科学出版社，2015.
［30］ 林裕森. 西班牙葡萄酒［M］. 台北：积木文化，2009.
［31］ 林裕森. 酒瓶里的风景：布根地葡萄酒［M］. 石家庄：河北教育出版社，2004.

2. 参考网站

［1］ All about Ribera del Duero［Z/OL］.［2019−08−20］. https://www.riberaruedawine.com/ribera-del-duero/ .
［2］ Canva［Z/OL］.［2019−08−12］. http://www.canva.cn.
［3］ Diversity in the Loire Valley vineyards［Z/OL］.［2019 −08 −18］. https://www.vinsvaldeloire.fr/en/diversity-loire-valley-vineyards.

[4] Discovering the wines and terroir of the Bourgogne winegrowing region [Z/OL] . [2019−08−12] .https://www.bourgogne-wines.com/our-wines-our-terroir/discovering-the-wines-and-terroir-of-the-bourgogne-winegrowing-region,2322,9252.html?

[5] Flickers, [Z/OL] . [2019−08−12] . http://www.flickr.com.

[6] Grande Route des Vins: five different itineraries to discover the wines of Bourgogne [Z/OL] . [2019−08−14] . https://www.bourgogne-wines.com/a-trip-through-the-vines/la-grande-route-des-vins/grande-route-des-vins-five-different-itineraries-to-discover-the-wines-of-bourgogne,2560,9632.html?

[7] Grape Varieties [Z/OL] . [2019−08−06] . https://www.vins-rhone.com/en/vineyard/grapes.

[8] General Presentation [Z/OL] . [2019 −08 −12] . https://www.vinsdeprovence.com/en/le-vignoble/presentation-generale.

[9] Pixabay [Z/OL] . [2019−08−12] . https://pixabay.com/.

[10] Pixels [Z/OL] . [2019−08−12] . https://pixels.com/.

[11] Quality Categories [Z/OL] . [2019 −08 −12] . https://www.germanwines.de/knowledge/quality-standards/quality-categories/.

[12] Robinson, J. The new Chile [Z/OL] . (2015−02−15) [2019−08−08] . https://www.jancisrobinson.com/articles/the-new-chile.

[13] The Appellation [Z/OL] . [2019−08−18] . https://en.chateauneuf.com/history.

[14] The Industry [Z/OL] . [2019−08−12] . https://www.wosa.co.za/The-Industry/Terroir/A-Unique-Terroir/.

[15] Unsplash [Z/OL] . [2019−08−18] . http://unsplash.lofter.com/.

[16] WikiCommons [Z/OL] . [2019 −08 −28] . http://commons.wikimedia. Org.

图 3-9　桃红葡萄酒的颜色差别

图 5-1　红葡萄酒的老化和氧化

图 5-4　红葡萄酒的氧化和还原对颜色的影响